U0241470

蒲庵丛书

先生馔

梁实秋
唐鲁孙
的民国食单

戴爱群 · 编著
高振宇 · 陶艺创作
张少刚 · 菜品制作
张婕娜 · 注释
王同 · 摄影

三联书店

梁实秋

（1902—1987）

散文家、文艺评论家、翻译家。名治华，字实秋，以字行。笔名子佳、秋郎等。生于北京，病逝于台北。1915年考入清华学校；1921年与闻一多等成立清华文学社；1923年赴美国留学，就读于科罗拉多学院、哈佛大学、哥伦比亚大学，研习英语和英美文学。1926年回国后，先后任教于任东南大学、青岛大学、北京大学、暨南大学，同时兼任上海《时事新报》副刊《青光》编辑，1928年与徐志摩等创办《新月》月刊；抗战期间，任国民参政会参政员、《中央日报》副刊主编；1948年移居香港；次年到台湾，任台湾大学教授、台湾师范大学文学院院长、「国立」编译馆馆长等职。主要著作有《浪漫的与古典的》《文学的纪律》《偏见集》《雅舍小品》等；译著有《莎士比亚全集》等；编有《远东英汉大辞典》。

唐鲁孙

（1908—1985）

散文家、民俗专家。满族，镶红旗，姓他他拉氏（其汉姓『唐』即由此老姓的第一个音节而来），本名葆森，字鲁孙。笔名有香庄、蕴光、寤凉、栎泉宦等。生于北京，病逝于台湾。曾祖长善，官广州将军。祖父志钧，官伊犁将军，辛亥死事。曾叔祖长叙，官刑部侍郎，其二女并选入宫侍光绪，为珍妃、瑾妃。鲁孙毕业于北京崇德中学、财政商业学校。年轻时起就离家外出工作，踪迹遍及全国，对民俗掌故、北京文化知之甚详。1946年到台湾，任农渔委员会管理师、烟酒公卖局秘书，历任松山、嘉义、屏东等烟叶厂厂长。1941年在《武汉日报》发表第一篇作品。20世纪70年代退休后专事写作，结集出版的散文有《中国吃》《南北看》《天下味》《故园情》《酸甜苦辣咸》《老古董》《大杂烩》《什锦拼盘》《说东道西》《中国吃的故事》等十二部，作品百分之七十是谈吃，百分之三十是掌故，量多质精，允为一代杂文大家，而文中所传达的精致生活美学，更足以为后人典范。

从左至右：汪朗、张少刚、高振宇、戴爱群

汪朗

吃货一个。曾在媒体工作近三十年，高级编辑。对中国饮食文化稍有涉猎，著有《食之白话》《衣食大义》《刁嘴》等书。

高振宇

当代著名陶艺家。中国艺术研究院研究员。鲁迅美术学院客座教授。

1964年出生于江苏省宜兴市的陶艺世家，1982年拜顾景舟先生为师，学习紫砂传统工艺。1990年考入东京武藏野美术大学工业工艺设计系陶瓷专业研究生院，师从加藤达美先生。1993年毕业，获硕士学位；同年进入中国艺术研究院，创立陶瓷艺术创作研究室并筑窑于北京。1985年至今，在国内外多次参展、举办个展，作品被海内外文化团体广泛收藏。

主编《顾景舟——中国工艺美术大师》，著有《器皿之心——高振宇、徐徐陶瓷艺术》。

张少刚

中国烹饪大师，北京『御珍舫』总厨，擅长制作山东菜、北京菜。18岁入北京『泰丰楼』学艺，师从李启贵先生。从业26年，第六届烹饪技能大赛荣获热菜金奖。曾任北京『天地一家』总厨。

戴爱群

美食爱好者，电视系列纪录片《中国美食探秘》总策划，著有《舌尖上的舞蹈》《春韭秋菘——一个美食家的寻味笔记》《口福——今生必食的100道中国菜》。

目录

序一

复旧见深意

……………汪 朗

戴爱群先生干了件麻烦事。

他把梁实秋、唐鲁孙两位老先生在文章中写过的当年京城美食，撷取部分精华，按照文章中的描写，结合相关资料和自己的体会，和张少刚师傅一起反复试验，将存留在文字里的美食变成了现实中的精美菜点。之后，又将这些菜品回归文字，配上照片，弄成了这本书。这可比单纯写一本谈美食的书费劲得多。

梁实秋、唐鲁孙的美食文章我也看过一些，只是觉得好玩儿，能长点见识，仅此而已。比如唐鲁孙先生谈过如何对付死乞白赖推销变质食材的跑堂："两人吃饭，他能给您上个十寸盘红烧虾段。他为什么死乞白赖扭您吃红烧虾段呢，因为他们冰箱里的对虾已经有味，虾头都快掉了，再卖不出去，只有往脏水里倒啦。碰了这样的堂倌，也有法整他。您说不爱吃红烧虾段，太腻人，清爽点你给我来个黄瓜炒对虾片，或者来个对虾片鸡蛋炒饭加豌豆，他马上麻啦爪子，不提让您吃对虾了，因为他们的对虾，可能糟到不能切片，即或能切片，拿黄瓜豌豆绿色一比，他也端不上桌儿了。”这段文字戴先生在书中也引用过。

看过这段文字，我只是想，哦，当年食客原来是这样跟饭馆伙计斗法的。不说原料有问题，只要求换个做法，话语中却透着深意：“别跟我玩猫腻，我懂！”这才是文人雅士的做派，遇事点到即止，绝不死缠烂打，失了身份。至于虾片炒豌豆味道如何，应该如何制作，还真的没想过。然而，戴爱群却能根据这些描述，反复琢磨，让虾片炒嫩豌豆重现于餐桌。这件事看似容易做起来难。唐鲁孙在追忆旧京风物时虽然谈到了不少肴馔，但他老先生并没打算写菜谱，因此涉及制作方法时往往一笔带过，语焉不详。若想根据这些文字，将久已绝迹市面的菜点“复活”，就要将其中的空白一一进行补足，非谙熟京城餐饮业沿革且精于品味者，实难成就此事。戴爱群能做到这点，得益于他多年的专业知识积累，更缘于他对于中国传统美食的由衷热爱。

或曰，这些肴馔已消失多年，少人知晓，如今还有必要让其重生吗？我以为非但有必要，而且大有必要。中国美食的发展离不开优胜劣汰，推陈出新，为了制造噱头而复制古董并非正道，实不足取。像周朝八珍、唐代烧尾宴之类，虽则“高大上”，但做起来费力耗时，味道又未必佳，因此不妨让它们继续留在典籍之中供人凭吊。但是，中国近世有过全民饥饿的时代，也有过把讲求美食等同于资产阶级生活方式加以批判的荒谬时期，这种反常环境，使许多本该存世的精美菜点横遭屠戮，绝迹餐桌，中国传统饮食的元气因此而大伤，未免令人惋惜。如今，让尘封在文字中的一些精美菜点重现世间，既可强固中国饮食文化的根本，也能让人们的生活多一些滋味。

戴爱群复活的这些菜品我尝过几道，味道确实好，做得也精致，比起市面上的一些“创新菜”强得多。这与张少刚师傅的精湛厨艺也有直接关系。少刚为人实在，功底扎实，更为难得的是能够承受戴爱群的“穷折腾”，并从专业角度提出操作方案。若非两人各展所长，这些菜点精品恐怕也难以获得新生。少刚通过与戴爱群的合作也有收获，掌握了不少旁人不熟悉的旧时经典菜点的做法，添了本事。当年的京剧演员，没有几出拿手戏是成不了“角儿”的，一些人于是礼聘懂行的文人帮忙编排新戏，以求出人头地。像齐如山先生就帮助梅兰芳编写排练了二十多出戏，包括《霸王别姬》《宇宙锋》《嫦娥奔月》《天女散花》等，有老戏新编，也有自创新戏。没有文人的参与，梅老板未必能有今日之影响。同理，一些功底不错的厨师若能与精于辨味懂得烹饪的文化人经常交流，了解一些中国饮食文化的发展脉络和历代食俗演变过程，对于提高技艺和创新菜品都会有所助益。只是，这种愿打愿挨的事情，往往可遇不可求。

《先生馔》中记录了相关菜品的烹制要点，喜欢操弄刀杖锅铲者自可照此一试，弄上两样稀罕菜在家人朋友面前显摆显摆，但是此书却不应以菜谱视之，因为戴爱群所要伸张的意思并不在此等形而下之处。文中有与菜品相关的烹饪技法介绍，也有人物逸事、往事随想、世态感悟，兼有小考证、小议论，杂而有序，耐人寻味。这部分内容需要静下心来，结合个人的经历慢慢咀嚼才好。

算下来，这本《先生馔》已经是戴爱群第四本谈美食的书了，前面还有《舌尖上的舞蹈》《春韭秋菘——一个美食家的寻味笔记》和《口福——今生必食的100道中国菜》。他自己觉得后面的两本书写得更好些，因为明白了为文须“宕开一笔”的道理，打破了就吃谈吃的套路，增加了一些文化方面的内容和个人的感悟。这些说得都对，但我觉得还有一个原因，就是戴爱群写作的目的更纯粹了。以往他的一些文章，还带有“稻粱谋”的考虑，对于时下饮食行业胡乱“创新”之类流弊的批评，因为顾虑较多，往往只是点到为止。现在他写书，就是有话想说，既非命题作文，也不用顾忌什么人的面子，少了些羁绊，为文也就洒脱了许多，尽可以直抒胸臆，这样的文章自然更好看。

戴爱群在这本书里想要表达的意思，在他的自序中说得十分明白。创新的根基是传统，没有对中国传统饮食精华的理解和把握，所谓创新不过是胡球闹，热乎一时而已。这个道理并非只适用于餐饮界。

代序二

器皿之美 ………………… 高振宇

随着工业技术的飞速发展，机械制品充斥市场，并且渗透到我们生活的每一个角落。在陶瓷器皿的商品化生产中，手工制作的历史离我们已经越来越远了，人们在对手工制作器皿渐渐淡漠的同时似乎也逐渐丧失了用双手直接去创作器皿的能力。第三次工业革命的浪潮把我们带入了回归自然、与自然和谐相处的时代。艺术领域，各种门类相互融合关联，共聚一堂。以人的感官来区分艺术高低贵贱的时代已成为过去。陶艺正是在这样的文化思潮、时代背景下从一度曾经冷落的一隅，日益引起人们的重视。尽管如此，也许是因为我国长期经济落后，我们还没有对周围朝夕相伴的日常器皿有太多的留意；也许是我们对于生活中机械生产器皿的冷漠、工艺的敷衍已经习以为常，熟视无睹；也许是我们根本就不奢望在自己的生活周边能发现器皿中所蕴含的真正的美。甚至在现实生活中我们已经习惯于只有上博物馆或古董店才能欣赏到美的器皿。总之，我们还没有真正地将日用的器皿艺术与其他艺术一样作为审美对象来看待。

英国的威廉·莫里斯所倡导的“艺术与手工艺”运动，将手工艺的作用提到了美化人民生活、创造美好社会的高度，这种思潮对西方社会的文化影响和冲击一直延续至今；而另一方面，日本“民艺运动”领袖柳宗悦对于工艺也提出过新的认识，期望以用心用手的工艺来洗刷机械文明的冷漠与丑陋，提倡美的正确方向在于同生活的结合。这使得日本的设计走上了成功之路，并在掌握国际化语言的同时又不失去本民族独特的气质。时过境迁，几十年后的今天，随着我国国民经济的长足发展，一场蓬蓬勃勃的工艺复兴已经兴起，从事陶艺创作的作者也逐渐增多。而在已经进入 21 世纪的今天，环境问题、能源问题、人口问题等不断困扰着我们的同时，首先作为生活在这一个时代的人，应该对人与自然的和谐相处、人与人之间的和平友爱投入更多的关注；而后作为一名做陶者，在注重表现个性的同时，应该把目光更多地投向我们生活的周边，投向与民众生活最贴近的地方，去多给他们一份关心。也许器皿艺术在人情淡漠的现代社会里，正是传递作者真情的最好的媒介。

古代真正优秀的作品都切切实实地扎根于当时人们的生活，并经过漫长的生活的考验才获得成功。今天我们做陶也不例外。

有人说，地球本身就是一个巨大的陶瓷球，泥土就是她亿万年风化的产物。世界上确实没有一种材质能像泥土那样取之不尽、用之不竭，并且如此唾手可得，恐怕也没有哪一种材质能像泥土一样富有可塑性，更适合于制作器皿了。有时随着辘轳在脚下吱吱嗡嗡地转动，一团泥土在我手中慢慢生长、延伸、扩展，就像一捧渐开的花；有时她又乘着我们木槌的节奏形成充满活力的器形，犹如枝头结出的果实。那种自然生成的感觉非机械所能达到。“做陶使我在每天的工作中感受到了无比的满足和喜悦，它所带来的乐趣并不仅仅是一种造物的乐趣和肤浅的快感，而且还在于器皿中所蕴含的美与用的统一。用，是器皿的灵魂和生命，器皿因为有用而活着。”失去了“用”的器皿犹如一束干花，永远结不出丰满的果实。器皿之美，美在有用。

早在远古时代，从发现可以用泥土烧造土陶之时起，人类就毫不犹豫地用它来制作器皿以供生活之需，从仰韶、龙山等地出土的大量的陶器，绝大多数为实用器皿。因为有了器皿，人类从此可以享用烹制过的食物，从此不用树叶或手来取水解渴，谷物也可以安全地储藏和搬运，如此等等。器皿对于当时人类生活之重要是显而易见的，它美观、实用，且容易制造。而在我们现代人的眼里，古代土陶器皿之美，美在它的陶土材质，其独特的语言强力地显示着自身的魅力。尽管工艺技术尚属稚嫩，但它纯洁朴实，充满着活力。在人类文化历史长河的源头，我们从器皿艺术的原点看到了“真、善、美”的曙光。

事实上，随着人类社会权力的诞生，原始土陶器皿中原有的质朴感与健全感日渐萎缩。这种情况在清代官窑中更是到了无以复加的地步。陶工们在被剥夺了人身自由的状态下，被迫顺从皇权政治的需要以及贵族阶层的趣味，汲端地以技巧的高下来区分器皿之优劣。作品流于繁琐、造作、病弱无力。与同时代的民窑相比，看不见作者松弛、欢畅、诙谐自然的做陶痕迹，更多的是神经高度紧张，甚至流露着压抑与痛苦的情绪。

由此可见，作者将泥土抟制成为器皿的过程是赋予泥土生命的过程，而创造健康生命的母体是材质。材质本身有它自己的语言，是自然天成的，任何有悖于自然的勉强，都会成为胎儿病弱的原因。与泥土对话，尊重泥土的个性才会有好的回报，过分的技巧便成为一种伎俩，既欺骗了泥土也欺骗了使用者，从而使器皿失去了应有的健全感。

一件真正的好的器皿不仅仅表现在其造型的空间美上，也体现在视觉的色彩美上。它的美不在于华美的外表，更重要的是通过使用所体现出来的器皿内在的美，如果我们把材质喻为器皿的母体，那么“用”所体现的则是器皿内在的美。而这种器皿内在美的存在，关键取决于作者做陶的心态，“真、善、美”三者中，“美”是指视觉感官的美感，而“真”与“善”便是器皿中“用”的体现了。“真”是“真诚、真挚”；“善”是有爱心。器皿一般都有它特定的使用功能，如给使用者以“得心应手”“端拿自如”“淋漓尽致”等印象。即便是一只看似平常的茶杯，在与我们的长期相处中，不管我们是否留意它的存在，也不管我们是否有意将它奉上展柜，它总是那样静静地、默默地以它卓越的使用性侍奉着我们，呼之即来，挥之即去，没有喧哗，没有炫耀，只有谦虚的奉献。也许只有某一天当它被打碎时，我们才发现它存在的价值，才感觉到它身上的美德。而赋予它这种“谦逊、奉献”美德的正是作者的真诚与爱心。有爱心的人才会无微不至地想使用者所想，使器皿具备超凡的品质。而“真诚”则是作为一名陶工毕生追求目标的保证。没有真诚的态度，器皿中的自我因不是生活中的真我而显得虚假，即使能成就一时的表现，也难以维系一生的追求。

近年来，人们常常提起民艺，讴歌日常杂器之中存在的惊人的内在美，这是一个认识的飞跃。但也许是现代陶艺家的一个宿命，我们已经不能像古人那样通过几千几万次的重复制作来磨炼出器皿中的无心、无造作的美了。然而我们却可以以自己健全的姿态来捕捉新的时代、新的生活环境之中的器皿之美，创造出反映我们时代风尚、精神面貌的器皿。而要做到这一点，我们就应该更加关心我们的社会、我们的民众，少一点张扬，多一点平易。在我们为古人留下的举世瞩目的遗品顶礼膜拜之时，或是在急于表现自我之时，或许我们更应该把目光投向我们的生活周边，去发现器皿之美，创造器皿之美，留下更多可供后人瞻仰的我们这个时代的好的作品。

自序

我也来泼一瓢冷水

………………戴爱群

梁实秋、唐鲁孙两先生晚年寓居台湾，“疲马恋旧秣，羁禽思故栖”，尤其怀念故土的美食，著书立说，描写旧京饮馔，一粥一饭，娓娓道来，望梅止渴，以慰乡思。这些美文，我不知读过多少遍，每读一过，总是垂涎三尺，心醉神驰。两位先生笔下的食物，对于生长春明的我来说，既熟悉又陌生，读起来有种特殊的亲切感。

可惜的是，前辈们的家庖早已风流云散，自不待言；所剩无几的老字号也往往名存实亡，很多经典作品或缺原料，或嫌费工，有的仅仅因为客人不会欣赏，渐渐从菜单上销声匿迹了。终于，有一天，我问自己：为什么不能把先生笔下的美食变成现实呢？

近年得识出身“泰丰楼”的鲁菜名厨张少刚，手艺规矩，功底深厚，火中取宝，调和五味，确有专长，又肯听外行如我异想天开的主意。余遂从两位前辈书中撷取吉光片羽，爬梳典籍，钩稽故实，请少刚动手，反复试验，恢复了一小部分。

两位先生笔下名吃不少，仅取满足以下条件的收入本书：在北京出现过的，现在市场上没有销售的，记录比较翔实或能找到相关资料的，原料、技法有代表性或涉及掌故有话可说的。这样挑挑拣拣，得肴馔二十六品，从开始试制到书稿杀青，刚好历时一年。

当然，一点儿都不走样地拷贝是不可能的。有些菜品的原料品质已经不如当年了，比如鸭肝，只好代之以鹅肝，滋味当然好一些，但技术难度加大了；少刚提出大乌参不够美味和美观，遂决定用梅花参代替。原文并非菜谱，有些细节只能推测、想象，比如：炉肉丸子的体量没找到记载，我主张做成大丸子；炸响铃浇的双汁也没有交代，和少刚商量，认为应该是红烧汁和糖醋汁。这种以意为之的细节还有不少，闭门造车，不揣鄙陋，哪敢说十全十美，只能算略师其意而已。

时下中餐餐具之不讲究，不用比诸往古，就是和当代的日餐相比都嫌粗陋。为求美食能够配上美器，特地情商陶艺大家高振宇先生提供几十件作品以为盛器，且于百忙之中逐一撰写释文，成就此书半壁江山。

三联书店的诸位先生亦对此项工作鼓励有加，加上我的学生张婕娜（负责记录菜谱和注释）、王同不计名利的工作，这本小书才得以呈现在读者面前。本书注释部分承蒙北京市档案馆王兰顺先生、东来顺集团陈立新先生提供老照片，汪朗先生提供汪曾祺先生画作图片，本书责编黄新萍女士负责搜寻部分图片，还有部分图片摘引自图书和网络，谨此声明并致谢忱。

特别感谢北京御珍舫餐饮有限公司为菜品研发提供方便。

杀青时，名犹未定，福至心灵，想起俞曲园先生在河南学政任上曾出“截搭题”曰：“君夫人阳货欲”，时太后垂帘，遂以此丢官。（天朝就是讲原则，太平军和英法联军内外交困，危亡立现的当口儿，还有闲工夫维护至圣先师的权威，圣经贤传更是一丝一毫也动不得的，我至今也没想明白，当时那么多国学大师，怎么就没能“用夏变夷”，把伟大的儒学推广到蛮夷那里，帮人家拯救一下世道人心，顺便也指导天朝富国强兵呢？）子曰：“有酒食，先生馔”——我也继武前贤，截它一回，这些菜品也确为前辈先生所推崇，遂名曰《先生馔》。

近几年来，餐饮业流行“创新”，花样之多、市场之繁荣无须笔者多言，大家出门、上网一看便知。在这种大环境中，如此费力地做这样一件“复古”的事情（说实话，有些菜品，厨师做完之后都觉得太麻烦，缺乏“商业价值”），有什么意义吗？

真是无巧不成书，最近在网上读到中国戏曲学院傅谨教授的文章《向“创新”泼一瓢冷水——一个保守主义者的自言自语》，作为一个京剧爱好者，真是觉得“于我心有戚戚焉”，傅先生把我“心中所有，口中所无”的话高屋建瓴、提纲挈领地表而出之，而且升华到理论高度，“如拨云雾见青天”——看来梨园行和勤行都面临同样的问题——不妨摘录几段，公诸美食和戏曲同好：

> 在我们的戏剧界，实际上是在整个艺术界，艺术家们总是不断地，甚至经常是随心所欲地创新，令人眼花缭乱。它像极了我们身边不断出现的那种拆了真庙盖假庙的闹剧。
>
> …… ……
>
> 我们的艺术家就像一群狗熊冲进玉米地，虽然总是急匆匆地努力掰取每只进入视野的玉米棒子，总是不断有新的收获，可惜一面收获，一面也在遗弃原有的成果，最后留在手中的那只棒子，甚至都未必最好。经历了这种狗熊式不断创新的多年努力，我们的艺术领域究竟存留下多少，而不经意间从我们手中遗弃的又有多少？
>
> …… ……
>
> 创新本该是对艺术一个极高的标准，对传统艰难的超越，它是在无数一般的、普通的艺术家大量模仿和重复之作基础上偶尔出现的惊鸿一瞥，现在它却成了无知小儿式的涂鸦。
>
> …… ……

> 当你在模仿，尤其是你在模仿一位真正的大师时，取法其上，或许能够得乎其中；而你在创新时，你只不过是你渺小的自己。人类要多少年才能够出现一位真正的大师，就意味着这多少年里，绝大多数创新都毫无意义或意义很小。人类每天都会自然涌现出无数新的行为方式、新的思想和观念，包括新的艺术作品。但是文化如同大浪淘沙，绝大多数所谓的创新，因为不曾被人们大量地重复与模仿，都如烟消云散转瞬即逝，留不下任何痕迹。
>
> 创新是激动人心的，它令人兴奋；鼓吹模仿，未免显得消极和保守。我宁愿做个保守主义者。也许科学需要创新，文化却需要保守。

别的领域我不熟悉，只要把文中的“戏剧界”“艺术界”换作“餐饮业”，“艺术家”改成“厨师”，上述观点实在是不纵不枉，再合适不过了。

最后再从傅教授的大作中引一段痛快淋漓的大实话，为这篇小文收尾，权当学习傅先生，也大大地泼上一瓢冷水：

> 盖叫天的二公子张二鹏先生和乃父一样也是一位著名京剧表演艺术家，他常说的一段话实在很值得记下来以警觉世人。二鹏先生反复说：“创新多容易啊，越是身上没玩意儿的人越能创新，除了创新啥都不会。成天创新，喊戏剧改革，我看那该叫戏剧宰割。”
>
> 把“改革”演绎成“宰割”的创新，往往出现在那些对传统一知半解甚至一无所知、那些“身上没玩意儿”的莽汉们自以为是的探索中。而惟有在模仿时，他们才会显露出捉襟见肘的窘态。

是为序。

乙未端午于京华蒲庵

01

凉拌海参

凉拌海参又是一种吃法。夏天谁都想吃一点凉的东西，酒席上四个冷荤，其实不冷，不如把四个冷荤免除，换上一大盘凉拌海参。海参煮过冷却，切成长长的细丝，越细越好，放进冰箱待用。另外预备一小碗三和油（即酱油、醋、麻油），一小碗稀释了的芝麻酱，一小碟蒜泥，上桌时把这配料浇在海参上拌匀，既凉且香，非常爽口，比里脊丝、拉皮好吃多了。这是我先君传授给我的吃法，屡试皆受欢迎。

——（梁实秋《雅舍谈吃·海参》）

海参是传统中餐的重要食材，但过去算不上名贵，近年价格大涨，小小一条关东参在餐馆卖个四五百元不稀罕。外国人除了日本、韩国，应该少有吃海参的习惯。国人重视海参，心理却微妙难言：有人吃海参是为了摆排场，有人觉得吃这样高档的食材是种罪恶，有人是为了补身体（中医有所谓“以形补形”的说法，海参形如男根，故又名“海男子”，古人以为食之可以补肾壮阳，堪敌人参），有人觉得海参既无味道又无营养，不值一吃，有人根本不会欣赏海参，只是人云亦云跟着起哄。

究其实，海参不过是一种广布世界海洋的无脊椎动物，与海星、海胆同属棘皮门，有野生有养殖，生产过程既然不影响环保，就大可食之。吃的时候心态不妨放平，偶尔吃一条就希图补益未免太痴（您别说，还真有人一天吃一条，也没听说有什么奇迹发生）。炫富或罪恶感都是人的心理活动，更与海参无干——不过是一种食材而已。

这种奇怪的心理，古人也有。袁子才作《随园食单》，一边在“戒耳餐”篇中理直气壮地宣称，“余尝谓鸡、猪、鱼、鸭，豪杰之士也，各有本味，自成一家。海参、燕窝，庸陋之人也，全无性情，寄人篱下”，一边在“海参三法”篇里津津有味地记载了钱观察（“观察”为道员的尊称，相当于现代的地市级官员）、蒋侍郎（相当于中央六部的副部长）家海参的独特做法。有趣的是，钱观察家的拿手菜居然是“夏日用芥末、鸡汁冷拌海参丝”，同著于清乾隆年间的《调鼎集》中记载海参做法十三款，也有一款是“芝麻酱拌海参丝衬火腿肚片”——看来梁家老太爷的传授是颇有来历的。

梁家的做法也不是没有瑕疵。仅就我的经验而言，北京风味中，三和油是一种配伍，芝麻酱、盐、芥末、醋、蒜泥是一种配伍，两者各有所长，各有所适，一般不会混合；而且芝麻酱和麻油都源于芝麻，所以放了芝麻酱也不必再加麻油；钱观察家的做法大有道理：北京的芥末是必不可少的——这种国产的“土”芥末色黄，与日本佐食刺身的山葵不是一码事——芝麻酱、盐、芥末、醋、蒜泥是北京凉拌菜调味的绝配；酱油也以不用为好，因为颜色偏深——海参已经够黑了。

《调鼎集》以火腿、肚片垫底无锦上添花之美，有画蛇添足之累。其实在这里把海参当凉粉拌就行，可以垫些黄瓜丝，使之更加清香爽脆，同时也配得上调味汁（北京夏季家常凉菜拍黄瓜、拌凉粉都是这样调味），还可以调剂色彩。

中餐海参吃法甚多，无非以好汤焖煮入味而已，像这样凉拌的似乎少见（近年有用活海参凉拌的，加入酱油和日本辣根调成的“工业芥末”，入口仿佛皮筋，实在无啥吃头）。细料粗制，俗中见雅，创制者堪称知味。

注释 ✪

· 关东与关西辽参 ·

关东辽参的特征是原色暗黑，色泽光亮鲜明，有6行尖锐肉刺，肉刺密集，排列整齐有序，长3—5寸，参体浑圆，白肉丰厚。关西辽参与其区别在于：肉刺圆钝、排列稀疏；相同的是，它们均食味浓郁，带点淡海水味道，肉质爽滑，厚身，发头极好，有10倍之多。（《香港海味事典》）

· 芥末 ·

麻辣调味品类烹饪原料。十字花科芸薹属，一年或两年生草本植物，是芥菜的种子经研磨而成的粉状调料。又称芥辣粉。在周代宫廷已经使用，称为芥酱，至今已有3000多年的历史。芥菜原产中国，种子呈球形，多为黄色。芥末是调制芥末味型的重要原料，有淡黄、深黄和绿色之分，其辣味成分主要是芥子甙经酶解后的挥发油（即芥子油）。（《中国烹饪百科全书》）

· 袁枚（1716—1798）·

清文学家。字子才，号简斋、随园。浙江钱塘（今杭州）人，乾隆四年（1739）进士。历任溧水、江浦、沭阳、江宁知县，辞官后侨居江宁，筑园林于小仓山。论诗主“性灵说”，强调“性情之外本无诗”，对于程朱理学和儒家“诗教”多所抨击。与赵翼、蒋士铨并称为“乾隆三大家”。著作宏富，有《小仓山房集》《随园诗话》《子不语》等若干种，今人辑有《袁枚全集》。（《辞海》）

·《随园食单》·

清代烹饪名著。清代袁枚著。该书分为须知单、戒单、海鲜单、江鲜单、

● 左图：《随园食单》书影
● 右图：《调鼎集》书影

特牲单、杂牲单、羽族单、水族有鳞单、水族无鳞单、杂素菜单、小菜单、点心单、饭粥单和茶酒单 14 个部分。从食物性能、时节、食物搭配、用火、上菜次序等方面精辟地阐述了烹饪的基本理论，全面而周到。同时，此书还以大量的篇幅记述了中国从 14 世纪到 18 世纪中叶流行的 342 种菜肴、饭点、茶酒的用料和制作方法。在这些菜点中，大多数为江浙两地的传统风味，也涉及京、鲁、粤、皖等地方菜，以及宫廷菜和官府菜。(《中国烹饪百科全书》)

·《调鼎集》·

清代乾隆年间的烹饪著作。共 10 卷，50 余万字。第一卷为油盐酱醋及调料类；第二卷为各类菜肴、筵席及进馔款式；第三卷为特牲、杂牲类菜谱；第四卷为禽蛋类菜谱；第五卷为水产类菜谱；第六卷为各地菜肴及酱菜等；第七卷为蔬菜类菜谱；第八卷为茶酒类和饭粥类；第九卷为面点类；第十卷为糖卤、干鲜果及鲜花食品。全书共记载荤素菜肴、面点主食、油盐酱醋茶酒等各类食品 3000 多种。原书为抄本，藏国家图书馆善本部。(《中国烹饪百科全书》)

凉拌海参

制法

原料：关西参

辅料：黄瓜丝

调料：盐，芝麻酱，蒜泥，中国芥末

做法

① 发好的海参切细丝；

② 用水澥芝麻酱，加入适量盐、醋调味；

③ 加入黄瓜丝，倒入澥好的芝麻酱、调好的芥末、蒜泥，拌匀。

注 1 海参切丝，所以不需要肉刺尖锐的关东参，用关西参即可；

2 芥末的调制方法：将芥末粉用70℃水冲开，放在常温处闷一夜，使其发出香味，即可使用。

青白瓷菱花小钵、青白瓷刻云纹小碗、影青水理纹小钵

青白瓷菱花小钵：白瓷素胎，覆以含铁极少的透明釉，经还原烧成，釉色微泛青绿。造型为直腹半敞口小钵，口沿作五棱花瓣。青白瓷刻云纹小碗：以白瓷为胎。外刻祥云纹为饰，覆以青白釉色，若隐若现。碗腹饱满，口沿舒展外翻，可盛汤水，捧饮。影青水理纹小钵：白瓷胎，覆以影青釉，内刻放射旋涡纹，消失于底心。直腹敞口，有一定深度，可存汤汁。

02

炒咸什

北平人过年一定少不了的一样菜叫『炒咸什』，南方人叫『十香菜』，菜名十香，当然要有十种不同的干鲜蔬菜了。其实有些人家炒的十香菜，还不止十样呢！先把胡萝卜切丝炒半熟，再炒黄豆芽，然后把豆腐干、千张、金针、木耳、冬笋、冬菇、酱姜、腌芥菜一律切成细丝下锅炒熟，放入胡萝卜丝、黄豆芽，加酱油盐糖酒等调味料同炒起锅。南方炒法也有加榨菜芹菜的，那就超过十样了。炒十香菜的诀窍是各种干鲜蔬菜，切丝要切得细，长短力求一致，不但美观而且容易炒得透，酱油要酱色淡的，油要用得适当，不可过多，如嫌水分不足，可以把泡冬菇汤加入，既能柔润，又可提鲜。

——唐鲁孙《什锦拼盘·春节几样待客的菜点》

谚云："三世为官，才懂吃穿。"中国的贵族、官宦世家历来就有讲究家厨特色，并以此自豪的传统。太久远的唐韦巨源"烧尾宴"、宋张俊"供进（宋高宗）御筵"空余名目，做法失传，姑且不论。比较晚近的，北方有孔府菜、谭（宗浚）家菜、周（大文）家菜，南方有（江孔殷）太史菜、谭（延闿）家菜，皆享盛名。唐鲁孙先生亦是满洲世家子，先辈出过驻防将军、侍郎，尽人皆知的当然是清德宗的珍、瑾二妃（为鲁孙先生的姑祖母），这样的家世，才可能有如此的饮馔风尚。

炒此菜第一考究刀工，务求整齐美观；由于是冷食的年菜，故炒菜要用香油，以防冷后粘成一坨；此菜原非食肆所售，过去江浙一带普通人家也会制作，佐粥下酒皆妙；一年只此一回，故手工不厌繁复，所谓"食不厌精，脍不厌细"，正是此意，可惜年轻一代已经无此耐心了。

市井菜的长处在于团队作业，操作标准，分工细，产量高；家厨则以不计工本、手法细腻、充肠适口、不重卖相见长。这种差别使得家厨在原料廉宜而讲究、工序繁琐、市廛售卖无法讨好盈利的素食领域特别能够充分发挥自己的优势。

广州江太史家素食甚多，据其女孙江献珠回忆，计有罗汉斋、煎芋饼、甜酸斋排骨、炖冬菇、炆（音"文"，微火焖）生根（油炸的生面筋）、大豆芽菜炆面筋、薯仔饼、炒素松、炒大豆芽菜松、腐皮包、腐皮卷、炆斋诸般名目。江家有一道素食"斋烧鸭"可与炒咸什媲美：

> 是用腐皮包着甜竹和干草菇同煮至软滑的馅子，以水草扎成一卷卷，投入热油中炸香，皮脆馅嫩，比一般全用腐衣卷成的斋烧鸭另有一番味道。（《钟鸣鼎食之家·春节家馔》）

江女士写得简单，此菜做起来可是麻烦无比——腐衣要用湿布焖软，一张张揭开；干草菇要发好；甜竹煮时间短了口感味道欠佳，稍微过火就化了；包馅、捆扎又是一番工夫；炸成皮脆馅嫩更是考校功力。这等啰里啰唆的食物不要说餐馆不会去自寻烦恼，就是在讲究美食、养着大厨的太史第，也只有一位地位特殊、日长无事的女仆“六婆”才有料理的闲情。

江太史一生享尽人间美味，而晚景凄凉，竟至望九之年绝粒自戕。钟鸣鼎食之家、诗礼簪缨之族一朝风流云散，“烈火烹油”“鲜花着锦”的家厨也就火灭烟消了。

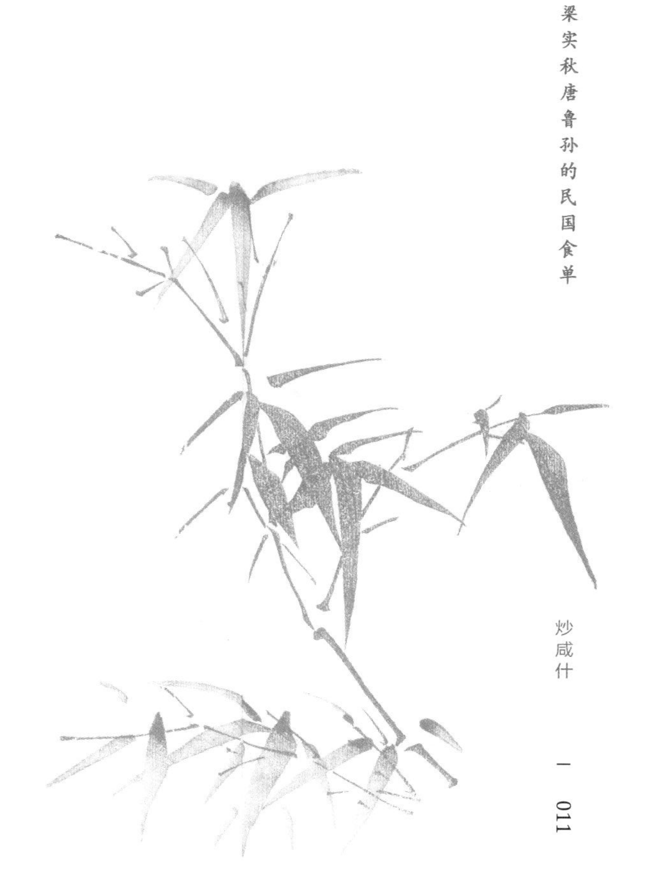

注释 ✪

·甜竹·

粮豆制品类加工性烹饪原料，为中国特产。是豆浆烧煮后，脂肪和蛋白质上浮凝结而成的薄膜，平摊成半圆形的称腐衣，又称豆腐皮、油皮、膜儿；卷制成细长杆状的称腐竹，古称油腐条、人参豆腐，俗称豆笋、皮棍、豆棒、豆杆、豆筋棍等。制作腐衣、腐竹，以最初揭起者品质最好。其中腐衣越薄越好，半透明而油亮，淡黄色，手感柔韧，每500克在20张以上即为上品；腐竹以支条挺拔、色淡黄有油光、手揿易碎者为上品。(《中国烹饪百科全书》）最后揭起的腐竹称为甜竹。

·烧尾宴·

唐代著名宴会之一。专指士子初登荣进及升迁而举行的宴会。据《封氏闻见记》记载，唐代凡知识分子初次做官，或做官得到升迁，亲友部属前往祝贺，主人必须准备丰盛的酒席招待客人，同庆欢乐，谓之“烧尾”。另据《辨物小志》说，有朝廷大臣被提拔升官或封侯，要献食于天子，也称“烧尾”。据史料记载，“烧尾”被认为是原来身份发生突然变化所要进行的一种洗礼，这也就表明唐代的烧尾宴是人的身份发生变化后举行的重要仪式。除了喜庆家宴，还有皇帝赐的御宴，另外还有专为皇帝献的烧尾食。

烧尾宴是一种极其奢靡的宴会。宋代陶谷所撰《清异录》中记载，唐中宗时，韦巨源拜尚书左仆射，曾办烧尾宴献于唐中宗，其上奉中宗食物的清单保存在传家的旧书中，这就是著名的《烧尾宴食单》。食单所列名目繁多，水陆杂陈，既有饭、粥、糕、饼、馄饨、哔饠（音 bi luo，亦作“毕罗”，是一种包有馅心的面点）、粽子等主食，又有用鸡、鸭、鹅、鱼、牛、羊、猪、兔、鹿、熊、猩、驴、鳖等烹制的菜肴，《清异录》仅摘录了其中的一些“奇异者”就有58味，如“单笼金乳酥”（一种用独隔通笼蒸的酥油饼）、“通花软牛肠”（用羊骨髓作拌料制成的牛肉香肠）、“生进二十四气馄饨”（二十四种花形馅料各异的馄饨），等等，而非奇异的一般菜点则不知其数。（《中国烹饪百科全书》《民以食为天Ⅱ》）

· 供进（宋高宗）御筵 ·

南宋时的张俊（1086—1154），字伯英，是一个弓手出身的大将。汴京陷落后，他力劝赵构（1107—1187）即位，并跟随高宗逃到了临安。张俊曾与岳飞、韩世忠、刘光世并称“中兴四将”，后升任枢密使，成为秦桧的忠实追随者。

据《武林旧事》卷九所记，在绍兴二十一年（1151）十月，宋高宗临幸这位“安民靖难功臣”府第，接受张俊进奉的御筵。宋周密《武林旧事·高宗幸张府节次略》记载了此筵食单。整套筵席进奉绣花高饤八果垒、乐仙干果子、缕金香药、雕花蜜煎、砌香咸酸、脯腊、垂手八盘子、时新果子、珑缠果子、下酒菜肴、插食、劝酒果子、劝酒菜肴等共21道，每道各有果品或菜肴数种至数十种，总计约200盘。陪同高宗赴宴的还有包括宰相秦桧在内的大臣、将军、侍从官等，他们也都按等级得到了多少不同的一份馔品。“御宴食单”可详见《武林旧事》（因杭州旧称武林，故书名为《武林旧事》），此书集中广泛地收录了南宋的朝章典礼、宫殿园圃、湖山胜概、节令风俗、市肆物产、教坊乐部、诸色伎艺，等等，是研究南宋政治、经济、文化的重要资料。（《中国文学大辞典》《民以食为天Ⅱ》《宋代文化史大辞典·上册》）

· 孔府菜 ·

又称府菜。山东曲阜县孔府的菜肴。是历经千百年的发展演变形成的典型的官府家菜。具有制作精细、注重营养、豪华奢侈、讲究礼仪等特点。

孔府菜可分为两部分：一是衍圣公及其府内家人日常饮食的菜肴，由“内厨”负责烹制，称为家常菜；二是为来孔府之帝王、贵胄、名族、官宦祭孔、拜访举办的各种宴请活动的菜肴，由“外厨”负责烹制。孔府的名菜名点繁多，数以千百计，既有以珍稀名贵原料烹制的筵席大菜，如：孔府一品锅、八仙过海闹罗汉、糟烧海参、神仙鸭子等；又有寓意孔家历史典故的名菜点，如：带子上朝、御带虾仁、诗礼银杏、油泼豆莛、烧秦皇鱼骨等；更有技法独特、精烹细作的孔府家常名馔。孔府点心也有特色，如用各种花卉为料制作馅心的桂花饼、荷花饼、薄荷饼、百合酥、玫瑰粽子，以及如羊角蜜、黑麻糕、佛手酥、芙蓉果、龙须糕等各式风味小点，均花样精巧、味美可口。(《中国烹饪百科全书》)

· 谭（宗浚）家菜 ·

北京著名的官府菜，出自于清末官僚谭宗浚家中。谭宗浚（1846—1888），字叔裕，广东南海人。同治十三年(1874)考中榜眼，在翰林院供职。其子谭瑑青，讲究饮食不亚于其父，对各地方菜多有涉猎，积累食诀甚丰。谭家菜形成初期，纯是家庭菜肴，后来谭家败落，便变相经营谭家菜以补贴家庭开支，由此谭家菜逐渐流传至市场。1950 年，谭家的三位家厨彭长海、崔明和、吴秀金离开谭家，在北京原宣武区果子巷租了几间房，经营谭家菜。1954 年又迁往西单恩成居后院，加入了国营企业。1958 年，在周恩来的建议下，谭家菜全部并入北京饭店，成为北京饭店四大地方菜之一。代表菜有黄焖鱼翅、银耳素烩、扒大乌参、杏仁茶、核桃酪，等等。(《中国烹饪百科全书》)

· 周（大文）家菜 ·

由“名厨市长”周大文所创的公馆菜。

周大文（1896—1971），字华章，天津电报学堂毕业，留学国外，回国后在东北奉系军中供职，历任电报局长、大帅府密电处长、黑辽吉三省电政监督，“九一八”事变后随东北军撤入关内，于1931年出任北平市长。卸职后，与好友马少云（字玉林）在天津创办玉华台饭庄，玉华台字号的由来，便是借用马玉林的“玉”和周华章的“华”而得名。

周大文青年时代喜京剧艺术与烹调技术，如痴如醉。1949年以后，周大文由政坛转向烹坛，正式下海做厨师，曾主灶“好好食堂”“新鑫食堂”“新月食堂”以及中山公园的“上林春”中餐馆，一时誉满京津。张学铭、荀慧生、郭沫若、齐燕铭等名人经常品尝周大文烹制的菜品。

周大文烹制的公馆菜极具特色，代表菜有：蟹黄白菜、虎皮扣肉、瓤青蛤、高丽虾、熏黄鱼、金钱鸡、黄鱼羹。经他改良的收藏家关伯衡家厨的特色甜菜核桃酪流传至今。（《今晚报》：《“名厨市长”周大文》）

· 江（孔殷）太史菜 ·

粤菜在民国初年达到一个鼎盛期。当时最负盛名的有两个代表性的家族，一个是谭家菜，一个是太史菜。这两个家族都诞生于广东南海（今广州市）。谭家菜北迁之后，已经融合各菜系而成为顶级官府菜，太史菜则恪守粤菜特点并将其发扬光大。

江太史（1864—1951），名孔殷，生于同治四年（1865）。江家祖上是号称“江百万”的巨富茶商。1904年，江孔殷赴京会试，中清朝最后一科进士，点翰林院庶吉士——尊称“太史公”。

● 谭延闿

20世纪初，太史菜领导广州食坛，各大酒家惟江家马首是瞻，江家每推出新菜，各大酒家立即盗版，冠以“太史”之名招徕食客。凡冠上“太史”二字的新菜，不胫而走，风靡一时。

江太史的孙女江献珠女士继承祖父钻研美食的精神，自1978年起为香港报刊撰写美食专栏。2010年，广东教育出版社出版了江献珠所著《钟鸣鼎食之家：兰斋旧事与南海十三郎》。(《中华读书报》:《“太史菜”与南海十三郎》)

· 谭（延闿）家菜 ·

即“湖南谭家菜——组庵菜”，于清末民初由谭延闿所创。

谭延闿（1880—1930），湖南茶陵人，字组庵、组安，号畏三。清光绪进士，授编修。1928年一度被推为南京国民政府主席，后任国府委员兼行政院院长。

谭延闿一生“好吃”，亦精擅食法，其父谭钟麟于光绪年间曾任两广总督，享有盛名的“组庵菜”其实为广府菜与湘菜融合的结晶，名菜有组庵鱼翅、组庵豆腐、组庵鸽松、红煨甲鱼裙爪等。组庵鱼翅由谭延闿家厨曹敬臣所创，以玉洁鱼翅为主料，配以干贝、肥母鸡肉、猪肘肉等，小火煨制而成，成菜翅片完整，食之软糯柔滑，醇厚鲜香。(《辞海》《中国烹饪百科全书》)

炒咸什

注

1 各种原料刀工要精细、均匀；

2 一定要用香油煸炒原料，使其冷后不会粘在一起。

制法

原料：黄豆芽，金针菇，千张，豆干，冬笋，木耳，酱姜，胡萝卜，酱瓜，香芹，冬菇

调料：盐，糖，酱油，香油，葱，姜

做法

① 豆芽掐去头尾，其他原料分别改刀成细丝，用香油炒至将熟；

② 葱姜丝下入香油中煸炒，下入炒过的各种原料混合在一起，加少许盐、糖、酱油调味，炒匀。

③ 晾凉后食用。

影青水理纹钵

直径稍大，白瓷胎，影青釉，刻放射状漩涡水纹，直腹敞口呈浅斗笠形。色泽、器形适用较广。

03

梅花（大乌）参嵌肉

南城外江浙馆要数春华楼最雅致了。他家店东不但为人风雅四海，而且精于赏鉴，他跟湖社弟子画马名家马晋（号伯逸）交情莫逆。虽然马伯逸长年茹素礼佛，可是一得空就到春华楼串串门子、聊聊天。春华楼每间雅座，都挂满了时贤书画，大半都是酒酣耳热，即兴挥毫，真有几件神来之笔。就拿旧王孙溥二爷来说吧，他最爱吃春华楼『大乌参嵌肉』，一盘大乌参端上来，要是在座的都是比较随便的朋友，我们溥二爷就要『三分天下有其二』了。

——唐鲁孙《中国吃·吃在北平》

大乌参是海参中的便宜货色，但各菜系往往视烧大乌参为大菜，主要是必须整个儿烹制，发透、烧透，使之软烂入味，食用前又必须保持外形完整，对厨师确是一种考验。梁实秋先生在《雅舍谈吃·海参》中有一段记载，颇为传神：

> 五十年前北平西长安街一连有十几家大大小小的淮扬馆子，取名都叫什么什么“春”。我记不得是哪一家“春”了，所做红烧大乌特别好。每一样菜都用大小不同的瓷盖碗。这样既可保温又显得美观。红烧大乌上桌，茶房揭开碗盖，赫然两条大乌并排横卧，把盖碗挤得满满的。吃这道菜不能用筷子，要用羹匙，像吃八宝饭似的一匙匙地挑取。碗里没有配料，顶多有三五条冬笋。但是汁浆很浓，里面还羼有虾子。这道菜的妙处，不在味道，而是在对我们触觉的满足。我们品尝美味有时兼顾到触觉。红烧大乌吃在嘴里，有滑软细腻的感觉，不是一味的烂，而是烂中保有一点酥脆的味道。这道菜如果火候不到，则海参的韧性未除，隐隐然和齿牙作对，便非上乘了。我离开北平之后还没尝过标准的海参。

少刚师傅主动提出用梅花参代替大乌参——梅花参身上遍布漂亮如花枝的肉刺，不仅卖相漂亮，且滋味远胜“大乌”，但加工难度更大。

“旧王孙溥二爷”是民国书画大家溥儒（1896—1963），字心畬，恭亲王奕䜣之孙，终生固守文人画的传统，山水、花鸟、人物、走兽无一不精，意境淡远出尘；书法俊朗婀娜，飘逸高古。画与张大千齐名，有“南张北溥”之誉（两人四十年惺惺相惜，而我却以为大有俗雅之分）。晚年流寓台北，潦倒病终。董桥先生特别醉心溥心畬的字画，多篇文字写到这位大家的风采：

客居台湾的旧王孙刘毓鋆说起爱新觉罗家族的旧王孙溥心畬，说得沉痛。毓老说溥心畬溥老爷子是个烂好人，纯净得不得了，画画写字之外什么都不会。太太死了丫头扶正，天天欺负他，吃也吃不好，连卖画都要经她手。毓老说他当面骂过溥先生："咱们先朝怎么能不亡？皇族中尽出了你我这样的货色！"（《立春前后·自序》）

江兆申先生说他的老师溥心畬给他上第一堂课讲了一句话："做人第一，读书第二，书画只是游艺，不可舍本而求末。"那时候溥先生住在台北临沂街六十九巷十七弄八号，日式八迭客厅，靠窗一张书桌，溥先生盘坐大方凳上作书作画，对面一张木椅，后来靠纸门的一边多放两张矮竹椅。先来的客人坐在木椅上，后来的客人坐在竹椅上，晚来的只好站着。"没有应酬的谈吐，偶尔一两句简短的问答，显得分外的静。客人大都自来自去，似乎除去新年，没有递茶的事情。那一份真朴简谧，真使我回味不尽，景仰不尽。"（《立春前后·新年试笔》）

南溪先生常说溥心畬留学德国（引者注：有人以为不确），满腹经纶，无奈从来甘为前清遗老，信仰理念多有局限（引者注：例如晚年境遇窘迫，犹抱家国之痛，婉拒"考试院委员"之聘，婉拒宋美龄学画的请求，依我看来，当然可以说他1949年以后还固守前清遗老的身份，可怜亦复可笑，但为人处事有底线总比"有奶便是娘"更值得尊重）。他说溥先生婚姻生活不畅快，心情多了几层郁闷，天天盘膝作画写字，人生悲欢离合都化为笔底风雨，不然日子过得更难堪。"仰瞻屋漏痕，连雨垣将扑；卑湿移釜甑，朝菌已生餗。不如陶令宅，犹得伴松菊。《寒玉堂诗集》中《感遇》九首正是这样的感慨。"南溪先生说他沉迷溥心畬字画迷的是溥先生新中有古、流中有源的气韵。溥先生对学生江兆申说："书画都有时代风气，要打破这种时代的束缚很难；书家中只有一个赵孟頫，他的小行书直可超过两宋，直入晋唐。画家中只有一个唐伯虎，他的画可以超元入宋。"（《克雷莫纳的月光·随庵琐忆》）

这位溥二爷逸事甚多，我印象较深的有三：一是健啖，吃起饭来只顾自家痛快淋漓，旁若无人——鲁孙先生的文章正是实录；二是终其一生对钱没有概念，据说晚年在台北上街购物，依然搞不清钱的数目，随手掏出几张现钞付账了事；三是渡海之后，靠卖画、教画为生，没有稳定收入，台湾省立师范学院怜其老病，请他授课，他有时竟会不到校，学校派人去催请，发现这位溥二爷在家中高卧，不知什么原因，就是不愿出门。这种"风致"，确实颓废而荒唐，足可写入《世说新语》，艺术家固当如是！提倡大可不必，但比诸汲汲于功名利禄者要高尚不知多少。也只有这种"王谢气"，才能孕育出中国特有的文人画杰作，溥心畬也因此被誉为"最后一位士大夫画家"；相形之下，张大千、齐白石的做派就有太多的商业气息了。如今时兴标榜某人是"贵族"或有"贵族气质"，其实当今中国的"贵族"无非贾宝玉鄙视的"禄蠹"而已，比张、齐辈又等而下之了。

烹饪艺术又何尝不是如此：厨师太重视名利，烹制菜品没有底线，只顾炒作，舍本逐末，动辄以"大师"自居，怎么可能料理出美味佳肴呢？

注释 ✪

· 梅花参 ·

又称凤梨参、海花参，参类中最好的品种之一。体型最大，大者体长可达1米，为长筒形略扁。背面肉刺很多，每3—11个肉刺基本相连，呈花瓣状。产于南海东沙、西沙群岛和海南岛等地。以参体完整、肉质厚实、刺坚挺、刀口整齐、腹内肉面平整无残缺者为上品。(《中国烹饪百科全书》)

· 大乌参 ·

学名黑乳参，又称乌圆参、乌乳参、开乌参。其体粗短，一般长30厘米，呈圆筒状，皮细，为黑褐色，两侧及腹部为褐色，肉为青棕色或青色，呈半透明状。产于广西北海及广东、西沙群岛、海南岛等地。以参体鼓壮、肉质肥厚坚实、质脆、平展无褶皱、刀口整齐、体内外均无残痕者为上品。(《中国烹饪百科全书》)

· 马晋（1900—1970）·

字伯逸，号湛如。北京人。幼喜画马。1920年加入中国画研究会，从陈师曾、金北楼等习画，以画马成名。其书法、绘画均有成就，绘制风筝亦有所长。作品有：《和平颂》(与齐白石合作)、《松柏长青》(与陈半丁合作)、《骏马图》《八骏图》等，均被国家博物馆收藏；并著有《怎样画马》一书。(《中华文化大辞海》)

· 溥儒（1896—1963）·

姓爱新觉罗氏，字心畬，号西山逸士。生值清王朝崩溃之际，颇有家国

● 左图：溥儒
● 右图：马晋

之痛，为逃避现实，隐居闭门读书，研究诗画，开始了他的翰墨生涯。溥儒善于汲取前人的精华，博览广收，临摹历代名家名帖，精研“二王”(王羲之、王献之)，集众长于笔端。行之有法，笔有出处，是溥儒书法艺术的一大特点。他的楷书得柳字之神韵，兼欧字之规矩，于平正中见险劲，行笔沉着，极富魅力。其行书清劲秀雅，流畅自然。用笔娴熟、洒脱，结体方折而不板滞，行书中参以草法，给人以赏心悦目之感。作品以清灵、雅致、劲健的艺术感染力为人们所称。其画并无师承，全凭其在王府临摹古人真迹，自我领悟，追求的是一种文人趣味，并以诗文书画的配合，表现清逸娴雅的意境。(《世界现代美术家辞典》《中外誉称大辞典》)

· **张大千**(1899—1983)·

原名正权，后改名爰，小名季，又名季爰，号大千、大千居士，画室名大风堂。四川内江人。家学渊源，自幼随母、兄学书作画。在家庭的熏陶下，绘画和书法方面打下扎实的基础。他绘画用色用水，灵活多变，虚实结合，气韵生动，形神交融，真正达到了“不似之似”的笔精墨妙的化境。他的书法乍看

● 张大千

颇为奇特，但用笔谨严，反映出他在学习“三代两汉金石文字、六朝三唐碑刻”方面的深厚功力。书、画、诗、印结为一体，相得益彰。（《世界现代美术家辞典》《中外誉称大辞典》）

· 春华楼 ·

北京“八大楼”之一，开设在宣武区五道庙，由江苏人经营，因菜品出众成为清末极有声誉的江苏菜馆。江苏是中国著名的鱼米之乡，饮食业十分发达。苏菜擅长烹制河鲜菜肴，特别讲究用原汤制作菜肴，历有“味要浓厚，不可油腻，味要清鲜，不可淡薄”的治馔传统。春华楼掌灶名厨王世枕，苏菜烹调技艺娴熟，在烹饪界有极高的威望，他烹制的鱼虾菜及其他苏菜多用炖、焖、烘、烩、烧的烹调技法。春华楼的名菜有“荷包鲫鱼”“松鼠黄鱼”“红烧鱼唇”“烧熏鳜鱼”“砂锅鱼头”“蝴蝶鱼”及其他鲜鱼类菜品，还有江苏的名点，如“小笼蒸包”“炸春卷”“蟹黄壳烧饼”“生煎包”等名特优品种。20世纪30年代初，春华楼生意极为红火，张大千在北京逗留期间经常光顾，并亲自传授一种烹鱼方法，人称“张大千鱼”。（《宣南饮食文化》）

梅花（大乌）参嵌肉

制法

原料：梅花参

辅料：五花肉，马蹄，鸡蛋，鲍汁，高汤

调料：葱，姜，盐，淀粉

做法

① 梅花参水发；

② 五花肉改刀切成小粒；

③ 猪肉粒加葱姜水、盐、料酒、香油、鸡蛋、淀粉，搅打上劲儿；

④ 马蹄拍碎，和入肉馅；

⑤ 梅花参洗净，加盐、料酒飞水，去异味；

⑥ 用干布吸去梅花参水分，内侧划花刀，抹上一层干淀粉，酿入猪肉馅；

⑦ 取大砂锅，垫上竹箅，加入鲍汁、高汤，下入酿好的梅花参，煲两小时左右，使之入味；

⑧ 取出煲好的梅花参，将剩余高汤收汁，浇在梅花参上。

注

1 梅花参的外形、口感都远胜大乌参；

2 酿入梅花参的猪肉馅一定要手切，以保证口感软嫩。

青瓷铁绘椭圆盘

以混合泥料（含一定氧化铁）覆以青瓷釉烧制。釉下绘铁绣花，赭色铁绘笔触流畅自然，只作呼应、铺垫，不影响食材摆放。

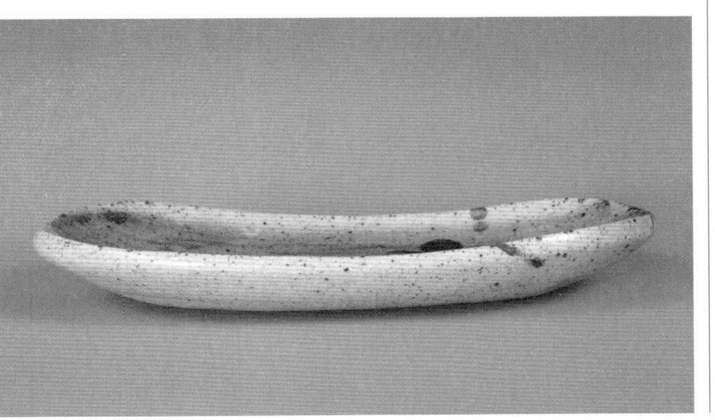

04

清蒸干贝

干贝的吃法很多。因是干货，须先发开。用水发不如用黄酒发。最好头一天发，可以发得透。大的干贝好看，但不一定比小的好吃。小的干贝往往味醇而浓。普通的吃法如『干贝萝卜球』，削萝卜球太费事，自己家里做，切条就可以了。『干贝烧菜心』，是分别把菜心和干贝烧好，然后和在一起加热勾芡。『芙蓉干贝』是蒸好一碗蛋羹然后把干贝放在上面再蒸，不过发干贝的汤不拘是水是酒要打在蛋里。以上三种吃法，都要把干贝撕碎。其实整个的干贝，如果烧得透，岂不更好？只是多破费一些罢了。我母亲做干贝，捡其大小适度而匀称者，垫以火腿片、冬笋片，及二寸来长的大干虾米若干个，装在一大碗里，注入上好绍兴酒，上笼屉蒸二小时。其味之美无可形容。

——（梁实秋《雅舍谈吃·干贝》）

干贝选取大小适中的即可（干贝并非越大越好，个儿大的好看，个儿小的有味），事先发好，去掉老筋；火腿用金华火腿；大干虾米不是普通海米，而是渤海湾的去皮大虾干，吃起来咸中带甜，可以直接当零食吃的；北京条件有限，有冬笋当然好，多数时间只能用发过的玉兰片，如有浙江的扁尖（也有叫焙熄的）嫩尖亦可——但它是咸的，浸发时要尽量除去咸味；绍兴酒当然不能用料酒，用十年陈花雕足矣。干贝、火腿、虾干、扁尖俱有咸味，不用另外加盐。

此菜除了省下食盐，其余食材按要求备好，在北京地区并不便宜，而且加工费力费时，没有可以讨巧之处，哪里“只是多破费一些”而已。

干贝，又名江珧柱、带子、海蚌柱，是一些贝类闭壳肌的干制品，也是中餐不可或缺的重要食材，名列“海八珍”。传统中餐使用干贝的菜品甚多，各大菜系均有，像干贝鱼肚、海参干贝、绣球干贝、桂花干贝、芙蓉干贝、扒干贝冬瓜球、蒜子珧柱脯、香酥干贝、扣干贝、葱油干贝、红烧干贝，等等。可做主料、辅料，可吊汤，可增鲜，用途之广，不逊火腿。

虽然使用之前需要发制，但手续并不麻烦，而且储运两便，故而成为餐馆的常备食材。早年间，在内陆地区，吃干贝没什么了不起，能吃到鲜贝才是稀罕事。

如今物流通畅，冷藏、保鲜方便，于是方便厨师加工的鲜活或冷冻的鲜贝、鲜带子大行其道；想要提鲜，干脆直接使用味精、鸡粉，干贝几乎销声匿迹，很多经典名菜也就随之式微了。要想体会干贝的滋味，只能去读前辈美食家的著作了——汪曾祺先生有两小段文字，写干贝的美味，背面敷粉，烘云托月，曲尽其妙：

台湾女作家陈怡真，到北京来，……我给她做了几个菜，一个是干贝烧小萝卜。我知道台湾没有“杨花萝卜”，那几天正是北京小萝

卜长得最足最嫩的时候。这个菜连我自己吃了都惊诧：味道鲜甜如此！（《自得其乐》）

美籍华人女作者聂华苓和她的丈夫保罗·安格尔来北京，指名要在我家吃一顿饭，……我给她配了几个菜。几个什么菜，我已经忘了，只记得有一大碗煮干丝。华苓吃得淋漓尽致，最后端起碗来把剩余的汤汁都喝了。华苓是湖北人，年轻时是吃过煮干丝的。但在美国不易吃到。……我做这个菜是有意逗引她的故国乡情！我那道煮干丝自己也感觉不错，是用干贝吊的汤。前已说过，煮干丝不厌浓厚。（《干丝》）

如果把干贝换成鲜贝，这两道菜根本就不成样子了——萝卜、干丝者流固然需要仰仗干贝提携，汪先生对干贝情有独钟，恐怕也是实情。

注释 ✪

· 清蒸 ·

蒸，是利用蒸汽传热使原料成熟的烹调方法。用于制作菜肴、米面食品与小吃等。用于原料初步熟处理和炊餐具的消毒时称汽蒸。蒸法工具有笼屉、甑、箅以及蒸箱、蒸柜等。蒸法一般要求火大、水多、时间短。成品富含水分，比较滋润或暄软，极少燥结、焦煳等情况，适口性好。因其不在汤水中长时间炖煮，营养成分保存也较好。

蒸法起源于陶器时代，最初的蒸器是陶甗，距今已有五千多年的历史。《世本》谓黄帝创釜甑，“始蒸谷为饭”;《周书》也谓“黄帝烹谷为粥，蒸谷为饭”。此后蒸法不断发展。到北魏时,《齐民要术》专列了“蒸缹之篇”,有蒸熊、蒸鸡、蒸羊、毛蒸鱼菜、蒸藕等法。至两宋时期，蒸法有了更多变化，如裹蒸（如裹蒸馒头、裹蒸粽子等）、排蒸（如鹅鸭排蒸）、酒蒸（如酒蒸鸡、酒蒸羊）、烂蒸（如烂蒸两片）、脂蒸（如脂蒸腰子）、乳蒸（如乳蒸羊）、盏蒸（如盏蒸羊）、糖蒸（如糖蒸茄）、瓤蒸（如蟹酿橙、莲房鱼包）等。至清代出现了干蒸、粉蒸等。近代又有了煎蒸等法。蒸法始于中国，现在是应用最多、最广泛的烹调技法之一。

蒸法因受热方式、手法、配料和调味等的不同，分为多种，常用的有清蒸、干蒸、粉蒸等。其中，清蒸就是蒸制中不用酱油等有色调味品，使成品色泽清淡的方法；或指主料不经挂糊、拍粉或煎、炸等处理而直接蒸制的方法，或指不加配料蒸制的方法。一般制法是将主料细加工后（有的下入高汤汆透），再与配料一起调味，之后放入盛器蒸制；有的加入清汤蒸制，如湖北清蒸武昌鱼、江苏清蒸鲥鱼、河南清蒸白鳝、四川清蒸江团等；有的不加汤汁，于蒸成后浇汁供食，如湖南的清蒸甲鱼等。(《中国烹饪百科全书》)

● 汪曾祺及画作

· 汪曾祺（1920—1997）·

小说家。江苏高邮人。早年毕业于西南联合大学，新中国成立后参加人民解放军四野南下工作团，后回北京在中国民间文学研究会工作。1958 年后下放劳动，1962 年任北京京剧团编剧。“文革”后以创作小说、散文为主。《受戒》《大淖记事》在描写普通人的平凡际遇中，充溢着人性的欢悦。其小说创作受沈从文和契诃夫的影响，以轻淡的文笔写平常人物，风格亲切而凄婉；散文则情韵天成，文理自然，富于人生哲理。主要作品有小说集《羊舍的夜晚》《汪曾祺短篇小说选》《晚饭花集》，散文集《蒲桥集》《草花集》，文论集《晚翠文谈》等。（《中国文学大辞典》）北京师范大学出版社辑有《汪曾祺全集》。

· 陈怡真（1950—）·

台湾女作家。台湾大学中文系毕业。曾任《中国时报》记者、《时报周刊》撰述委员、《中国时报》副刊《人间》副主任。作品散见于台湾报刊、杂志。著有《莺歌的脉搏》等。（《中国当代艺术界名人录》）

● 聂华苓

· **聂华苓**（1925—）·

美籍华裔小说家。湖北应山人。1948 年毕业于国立中央大学，1949 年去台湾。曾任台湾大学、东海大学副教授。1964 年赴美国爱荷华大学“作家工作室”工作。1967 年和丈夫安格尔创办“国际写作计划”组织。所作小说刻意求真求新，力求融合各种中外文学的表现手法，感情深沉，笔触细腻。主要作品有长篇小说《失去的金铃子》《桑青与桃红》《千山外、水长流》，中篇小说《葛藤》，短篇小说《翡翠猫》《一朵小白花》《台湾轶事》《王大年的几件喜事》，散文集《梦谷集》《三十年后》《黑色，黑色，最美丽的颜色》，以及《爱荷华札记》《沈从文评传》等。（《中国文学大辞典》）

注

1 蒸制原料时，不必加盐；

2 鹦鹉菜心即点缀了枸杞的油菜心，围边前需用高汤加少许盐烫熟。

清蒸干贝

制法

原料：干贝，冬笋，大虾干，火腿

辅料：油菜心，枸杞，鸡清汤

调料：黄酒，香油，盐，淀粉

做法

① 选用大干贝，以清水发透，去老筋；

② 虾干泡透至软；

③ 冬笋切块；

④ 取大碗，以发好的干贝垫底，冬笋块、大虾干、火腿依次码好；

⑤ 加入上好黄酒、鸡清汤，上蒸箱蒸30分钟；

⑥ 原汤滗出备用，将蒸好的原料扣入盘中，干贝向上，以鹦鹉菜心围边；

⑦ 另取鸡清汤，兑少许原汤加淀粉勾芡，淋少许明油，将芡汁浇在干贝上即可。

粉青瓷刻牡丹纹盘

瓷胎覆粉青瓷釉，釉下刻牡丹花卉纹，纹饰隐现于厚釉之下。
盘底宽阔平整，深约寸许。

05

虾片炒嫩豌豆

台湾近几年来，政治经济革新，商业繁荣，大小餐馆如雨后春笋，应运而生，勤行人手就显得不够用了。有些饭馆只重装潢，不重烹调；只重宣传，不求实际。堂倌改用女侍应生，只求面貌姣美衣着入时，斟酒上菜都不是地方，应对进退，也都让人瞧着听着别扭。

有一次我同两位朋友，到一家中型饭馆便饭，堂倌倒是男士，一报菜名就是番茄明虾。我知道他想捉我们大头，我说：『我不吃番茄，既然有明虾，你给我们来个虾片炒嫩豌豆吧！』他说：『今天没豌豆。』我说：『来个三人份的虾片炒饭吧！』他知道碰上孤丁了，由掌柜出来打招呼，才把场子圆下来。

——唐鲁孙《说东道西·北平的『勤行』》

北平自从兴了一阵子女招待之后，添了好多邪魔外道的小馆，您同朋友小吃，一入座堂倌就拉着您，什么菜贵让您点什么。两人吃饭，他能给您上个十寸盘红烧虾段。他为什么死乞白赖扭您吃红烧虾段呢，因为他们冰箱里的对虾已经有味，虾头都快掉了，再卖不出去，只有往脏水里倒啦。碰了这样的堂倌，也有法整他。您说不爱吃红烧虾段，太腻人，清爽点你给我来个黄瓜炒对虾片，或者来个对虾片鸡蛋炒饭加豌豆，他马上麻啦爪子，不提让您吃对虾了，因为他们的对虾，可能糟到不能切片，即或能切片，拿黄瓜豌豆绿色一比，他也端不上桌儿了。

——唐鲁孙《中国吃·北平上饭馆的诀窍》

《中国鲁菜》(陈学真主编，中国食品出版社,1990年版）一书中记载了“炒虾片”的做法：大对虾去头去皮，挑去虾线，片去薄皮，将虾肉片成三片，上浆；葱切马蹄形，姜切片；虾片温油滑熟；葱姜爆锅，下青红鲜辣椒片煸炒，以清汤、料酒、糖、盐、淀粉勾芡；再下虾片炒透，淋熟鸡油装盘。

此菜关键，一是虾要绝对新鲜；二是要去虾肉表面的灰色薄膜；三是以少许清汤提鲜，绝不可滥加味精。从技术层面来看，并无难度，之所以如今少见，主要原因，一是“亏料”，大虾切片对虾的品质要求高，还不如整个油焖能多卖钱；二是麻烦，去皮去“虾线”还则罢了，据少刚讲，最招“砧板”师傅恨的是片去虾肉表面的薄膜。

按沈从文先生的说法，菜亦有“格”。此菜的“格”于辅料见之：用嫩豌豆格调最高，黄瓜片则次之，青红椒片最低——此无他，无非考校厨师的创作理念、对季节变化的关注程度、色香味搭配水准而已。嫩豌豆剥起来麻烦，只在春末短期应市，与对虾最肥的季节同时；淡绿色堪配粉白，清香淡雅，嫩度尤胜虾片，不会干扰虾片的味道和口感。黄瓜各方面都输嫩豌豆一筹，青红椒则与虾片毫无关联，是很多炒菜的大路货配料，与嫩豌豆的格调有上下床之别。

如虾头中背上有鲜红的虾膏，我意可以另外用油滑（或蒸）熟，切小丁，与虾片、豌豆一同炒入，不仅增鲜提香，而且汇粉白、浅红、嫩绿于一盘，当为此菜增色不少。

一段时间以来，街上流行“民国范儿”，从谈国学、捧大师到穿旗袍，都成为时尚，其实民国政府治下的中国未必像当代人想象的那般光鲜。唐鲁孙先生出身满族世家，椒房贵戚，生于北京，终老台湾，行文落墨，于民国无纤毫芥蒂，他老人家笔下老北平和台湾饭馆的堂倌一样会糊弄客人——当然，过去的人还是心古，底线比现在略高，只是妄图以次充好，毕竟还没有用各种稀奇古怪的化学添加剂使大虾永远不会变质，吃下去还不会腹泻！

注释 ✪

· 对虾 ·

虾蟹类水产烹饪原料。甲壳动物门十足目对虾科对虾属虾类的统称。又称大虾、明虾，因北方市场常成对出售而得名。对虾属共有 28 个现存种，主要分布于热带和亚热带浅海。中国近海特产中国对虾是仅分布在亚热带边缘区的一种洄游性虾类。分布于黄海、渤海、南海北部及广东中西部近岸水域，年产量高达万吨以上，是中国黄海、渤海重要的水产资源之一。（《中国烹饪百科全书》）

· 勤行 ·

“勤行”这个名词，已经多年没听人说过。其实说穿了，就是饭馆里跑堂儿的。从前北平饭馆子，除了灶上的手艺高、白案子花样多而细腻外，还讲究堂口伺候得周到不周到。所谓“堂口”，就是招呼客人的堂倌，也就是前面所说的勤行。（唐鲁孙：《说东道西·北平的“勤行”》）

另一说法，此为售卖食品小买卖人之总称。因其须先到市场购买原料，回来整理制造，造成再去售卖。每日起早睡晚非勤不可，故有此美称也。（《北京土话》）

一指“饭店”等服务行业；另指制造并出售荤素熟食的作坊。（《汉语方言大词典·第五卷》）

· 沈从文（1902—1988）·

小说家、散文家。原名岳焕。苗族，湖南凤凰人。小时候读过几年私塾，14 岁起当兵。1922 年到北京大学旁听；1924 年，开始文学创作；1928 年到上

● 沈从文

海，编辑《红与黑》杂志，参加新月社；1930 年在青岛大学任教；1933 年主编《大公报》文艺副刊。抗战爆发后，先后执教于昆明西南联合大学、北京大学。早期作品或回忆儿时生活，或描述士兵、船夫和湘西少数民族的生活。20 世纪 30 年代所作中篇小说《边城》、散文集《湘行散记》与《湘西》为其代表作。作品以表现湘西的风土人情与下层社会的人生世相见长，笔墨清淡，文字素丽。新中国成立后长期在中国历史博物馆、故宫博物院工作，后为中国社会科学院历史研究所研究员，著有《中国古代服饰研究》等专著。有《沈从文文集》（12 卷）行世。（《中国文学大辞典》）

虾片炒嫩豌豆

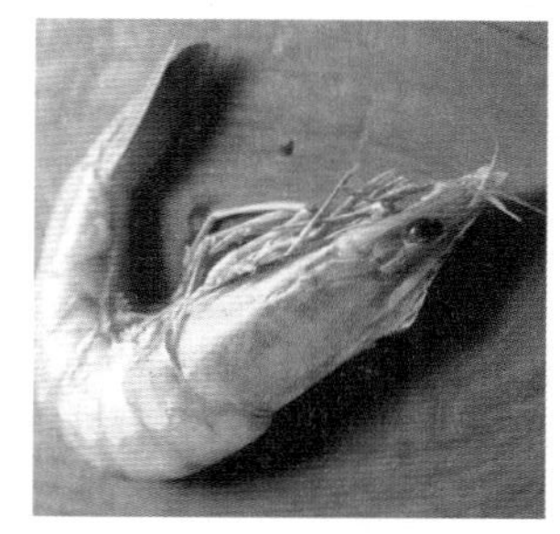

注

1 冬天没有嫩豌豆，可以用甜豆代替；

2 明油切忌过多。

制法

原料：渤海大对虾

辅料：豌豆，鸡汤

调料：盐，黄酒，蛋清，白糖，胡椒粉，淀粉

做法

① 大虾去皮、去头尾、去虾线；

② 将虾肉表面的带颜色软膜也去掉，只取雪白净肉；

③ 大虾一剖两半，用刀背轻轻拍扁；

④ 虾肉加少许盐、黄酒、蛋清、淀粉，上浆；

⑤ 虾肉用温油滑过；

⑥ 嫩豌豆用开水烫一下；

⑦ 将盐、少许白糖、胡椒粉、黄酒兑入鸡汤，调制成碗汁儿；

⑧ 炒锅入少许底油烧热，大虾片、豌豆下锅，倒入碗汁儿，翻炒两下，打明油出锅。

青瓷绘兰草青花盘

瓷胎上青釉，釉下沿器边绘青花兰草。器形广而浅，适合平铺摆盘，也可稍带汤汁。青花兰草从一侧生出，以衬食材。

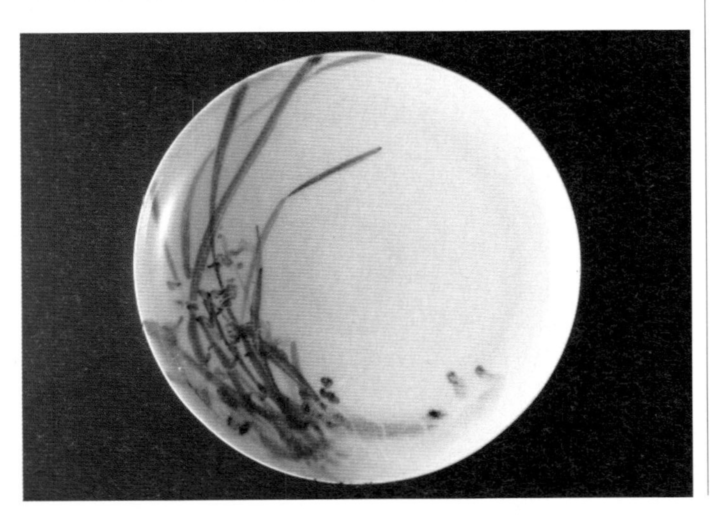

06

锅煽比目鱼

新丰楼的拿手菜是『锅煽比目鱼』，本来锅煽一类的菜是山东馆的拿手活，可是新丰楼的锅煽比目鱼显得特别好吃。后来廊房头条撷英西餐馆，有个『铁扒比目鱼』也很出名。他是把比目鱼架在铁架子上，用大瓷盘托到客人面前自取。其实说穿了，就是脱胎于新丰楼的比目鱼，换个上菜方式而已。

——唐鲁孙《中国吃·吃在北平》

“煽”菜为鲁菜特有，黄鱼、鱼盒、蛏子、里脊、腰盒（两片猪腰中间夹馅）、豆腐、蒲菜皆可“煽”之，技法凡合格的鲁菜厨师都应掌握，无须多言。

“煽”菜要软，要嫩，要酥，要香鲜，要入味，要色泽金黄，成菜主料上挂的蛋糊要保持完整不破，盘无余汁。

比目鱼适合“煽”的是上面厚肉，其余部分可做成醋椒鱼汤，开胃醒酒；一鱼两吃，不糟蹋食材，于厨师、食客皆为有“食德”的做法。

此菜当于食客看不到处着力，不可不察——餐馆里的“游水海鲜”是养殖的，而且“生活”在人造海水里，远不如冰鲜的野生比目鱼有味（吾友胡日新以冰鲜的山东莱州湾半滑舌鳎鱼馈我，确是难得的美味）；选取柴鸡蛋，则蛋糊金黄悦目，且蛋香浓郁；汤汁最后虽完全收入鱼块，用头汤与用毛汤滋味大不相同，不可将就。

比目鱼常见的大约分为三类：鲽鱼（两眼均位于身体右侧，如鸦片鱼）、鲆鱼（两眼均位于身体左侧，“多宝鱼”学名即为大菱鲆）、舌鳎鱼（头圆尾尖，体型如舌，广东称为龙脷、北方叫作鳎目的便是），只有中间大骨而无细刺，能剔出大而完整的肉块，适合多种烹饪手法，是鱼类中非常好的食材。

北京没有海岸线，欲食海鲜，必须仰仗沿海地区如辽宁、河北、天津、山东、江苏、浙江接济，小时候记忆深刻的有渤海湾的对虾、海蟹，舟山的黄鱼、带鱼，常见的还有墨斗鱼——品种就那么几样，都是冰冻的，化开之后往往腥臭四溢，一点也不诱人。西四的水产店偶尔有国产大马哈鱼切段零售，购买者并不踊跃，如今热爱进口三文鱼的人们恐怕无从想象吧？

母亲是天津人，喜欢吃鳎目鱼，总是想方设法从津沽一带搞些来，下厨一展身手（父亲生长沪滨，在厨房分工料理河海两鲜，惟比目鱼归母亲动手，父亲从不参与）。如果是小的（俗称“鳎目尖儿”），皮肉俱薄，治净之后直接蘸上干面粉油炸，外脆里嫩，是很好的下酒菜。运气好，碰上大条的，就“家常熬”：撕去外皮，切大块，挂面糊，煎（省油，而且比炸出来的香）；以大料瓣炝锅，下鱼块，加甜面酱、酱豆腐（碾碎，加原卤澥成汁）、料酒、葱、姜、水，大火烧开，小火焖至汁浓入味即可。鱼块外裹红褐色的汤汁，里面却是一色雪白，咸鲜微甜，滋味厚重，最能下饭；运气好碰到腹中带子的，鱼子烧透，既香且酥，滋味犹胜鱼肉。母亲每烧此菜，满屋皆是上述几种调料混合发出极富家常风味的浓厚异香，无比诱人食欲，至今思之，犹觉口角垂涎，而属于我家特有的恬静安适风光犹在目前，思之令人怅然久矣。这种做法是天津本地风味，与“锅煽”其实有异曲同工之妙，只是滋味浓淡迥异，格调亦远不如后者清新——此所以鲁菜得以名列“四大菜系”，津菜只是地方风味菜而已。

注释 ✪

· 比目鱼 ·

硬骨鱼纲，鲽形目鱼类的总称。包括鳒科、鲆科、鲽科、鳎科、舌鳎科鱼类。中华民国二十三年（1934）《山东通志》载："比目鱼，京师谓之沓密鱼，形似牛脾，登州呼为牛舌头鱼，旧志谓即偏口。非偏口，另一种。"此类鱼肉质坚实细嫩而肥美，宜于多种烹调方法。（《辞海》《中国鲁菜文化》）

· 㸆 ·

原料挂糊后煎制并烹入汤汁，使之回软并将汤汁收尽的烹调手法。对已经干硬的食品加以汤水，使之吸收水分并回软的过程，山东土语称之为 ta，烹调法写作㸆。适用于质地软嫩的动、植物原料，如菠菜心、蒲菜、芦笋或里脊肉片、鱼肉片等。整料要切割、整理成片状，挂全蛋糊或拍粉拖蛋糊，放在盘子内。炒勺（或平底锅）加少量油烧至 6 成热，把原料推入勺中，用中火煎至两面金黄；再加调味品和少量汤汁，使之慢慢把汤汁收尽。操作时为了使两面受热一致，可用大翻勺使原料完整地翻转。汤汁一般是调味品及清汤兑成，用量不宜过多。味咸鲜为主。成菜特点：色泽黄亮，软嫩香鲜，如锅㸆豆腐、锅㸆菠菜、锅㸆鱼扇等。（《中国烹饪百科全书》）

· 挂糊 ·

烹制前将原料表面均匀裹上一层糊液的工艺，是烹饪原料细加工的步骤之一。挂糊多用于炸、熘、煎、贴等烹饪方法。糊一般用淀粉（或面粉、米粉）和水（或加蛋液）调制而成，烹制时把原料浸入糊中拖过。

挂糊后经过煎、炸，对菜肴的色、香、味、形各方面有很大影响。其作用主要有：保持原料的水分和鲜味，使之外部香脆、内部鲜嫩；保持原料的形态，使之光润饱满，如苔条黄鱼，不经挂糊，烹制时易于断碎、卷缩、干瘪，挂上糊后就能使鱼条更加饱满，色泽光润；保护营养成分，原料挂糊后不直接接触高温的油，防止或减少了各种营养成分的流失或被破坏；丰富菜肴品种，扩大原料的使用范围，如鲜蘑菇不宜直接炸制成菜，挂糊后油炸，即成风味独特的软炸鲜蘑。

不同糊料加热后的成菜效果不同。如加鸡蛋清制的糊可使原料滑嫩；加鸡蛋黄、发酵粉制的糊可使原料松软；加淀粉或面粉、米粉的糊，可使原料香脆或松软。糊的配制以及用料比例没有固定的标准，往往因菜系、地区及厨师的不同而各异。常见的可分为：**蛋清糊**（又称蛋白糊、乳汁糊、白汁糊），用鸡蛋清、淀粉或面粉调制，适用于软炸，可使菜肴质地松软柔嫩，色呈白、淡黄或隐红色，如炸鱼条等；**全蛋糊**（又称蛋粉糊），用全蛋加淀粉或面粉调制，适用于炸，可使菜肴外酥脆内松软，色呈金黄，如炸里脊等；**蛋泡糊**（又称雪衣糊），用鸡蛋清搅打成泡沫状与淀粉或面粉调制，适用于松炸，可使菜肴外形饱满，质地柔嫩，色泽白里泛黄，如高丽大虾、炸羊尾等；**水粉糊**（又称干浆糊），用淀粉和水调制，适用于干炸、脆熘、焦熘，可使菜肴干酥香脆，色泽金黄，如炸八块、焦熘肉片等；**发粉糊**（又称松糊），用面粉加发酵粉与水调制，适用于炸，可使菜肴涨发饱满，松而带香，色呈淡黄，如面拖小黄鱼等；**脆浆糊**，简称脆浆，用面粉、淀粉、水、花生油、发酵粉等调制，适用于炸，使菜肴外松脆内柔嫩，涨发饱满，色呈金黄，如脆炸肉丸等；苏打糊，用鸡蛋清、淀粉、苏打粉、盐、糖和清水调成以适用于炸，可使菜肴红中带紫，滑而且嫩；**发面糊**，用发酵面或加适量碱和油调制而成，适用于炸，多用于拔丝法制作的菜肴。此外尚有**酥炸糊**等。

挂糊是烹制前一项比较重要的工序，操作时注意：第一，根据原料性质、挂糊与烹制间隔时间长短以及菜肴成品的要求，确定糊的稠度。如较嫩的或经冷冻的原料，一般水分多，吸水弱，或挂糊后立即烹制的，原料来不及吸收水分，糊应稠一些；较老的原料本身含水量较少，挂糊后又间隔一段时间才烹制，使原料能吸收糊中水分，糊则须稀些。第二，制糊时，起始因水和粉尚未调和，稠度不高，黏性不足，搅拌应慢、轻，避免糊液溢出器外，当糊的稠度逐渐增大，黏性增强时，搅拌可随之加快、加重，但切忌搅至起劲，导致糊液不能挂上（裹住）原料。第三，糊液必须均匀，无小粉粒，否则影响菜肴成品质量。第四，挂糊时糊液必须把原料表面全部均匀地包裹起来，如包裹不全、不匀，烹制时油就会从空隙或少糊的地方侵入，使这部分原料的质地变老、萎缩、焦黄，影响成菜质量。（《中国烹饪百科全书》）

·新丰楼·

新丰楼饭庄开业于民国初年，地址在前门外的繁华街道——香厂胡同，经营山东风味菜肴。旧时，京中各种商业，由山东人经营的约占70%—80%，饭馆亦如是，历史上也以山东馆为多，以至于有人竟下此“结论”：“（北京饭庄）大都系山东馆，间有京中土著经营之菜馆，虽为‘京菜’，亦多山东风味。”言虽略有过之，但基本上还是事实，早年北京确是如此，如著名的“八大楼”“八大居”等，几乎全都经营山东风味。

新丰楼饭庄创业后不久就有了较快的发展，数年之后便可与当时京中最阔气的“东兴楼”相提并论，甚至于一些“老山东馆”也“亦步亦趋”：“‘泰丰楼’本为老山东馆，而生意极佳，梨园行宴客多在彼。而擅长之菜，除普通之鲁菜外，竭力模仿‘东兴楼’与‘新丰楼’，虽不能‘青出于蓝’，但尚可。”那时，

“新丰楼极发达，肴馔亦精，著名之菜仍为新式之山东菜，特别者有‘干蒸鱼’，而‘糟蒸鸭肝’‘乌鱼蛋’‘油淋鸡’等亦佳”。除此之外，新丰楼的山东香酥鸡、北京烤鸭也素负盛名。

但是，好景并不很长。1930 年，新丰楼的名厨、名堂奕学堂、陈焕章等二十几位师傅在同德银号经理姚泽生的扶植下另起炉灶，开办了丰泽园饭庄，新丰楼“顿失英才”，损失不小，以后便渐渐开始走下坡路了。1949 年后，因故停业。

1984 年 8 月 1 日，歇业多年的新丰楼饭庄得以恢复，新址设在宣武区白广路。（《北京老字号》）

· 莱州湾 ·

渤海三大海湾之一。在渤海南部、山东半岛北岸，西起黄河口，东至龙口的屺姆角。有黄河、小清河、潍河、胶莱河等注入。主要港口有龙口，海湾西岸有胜利油田。（《辞海》）

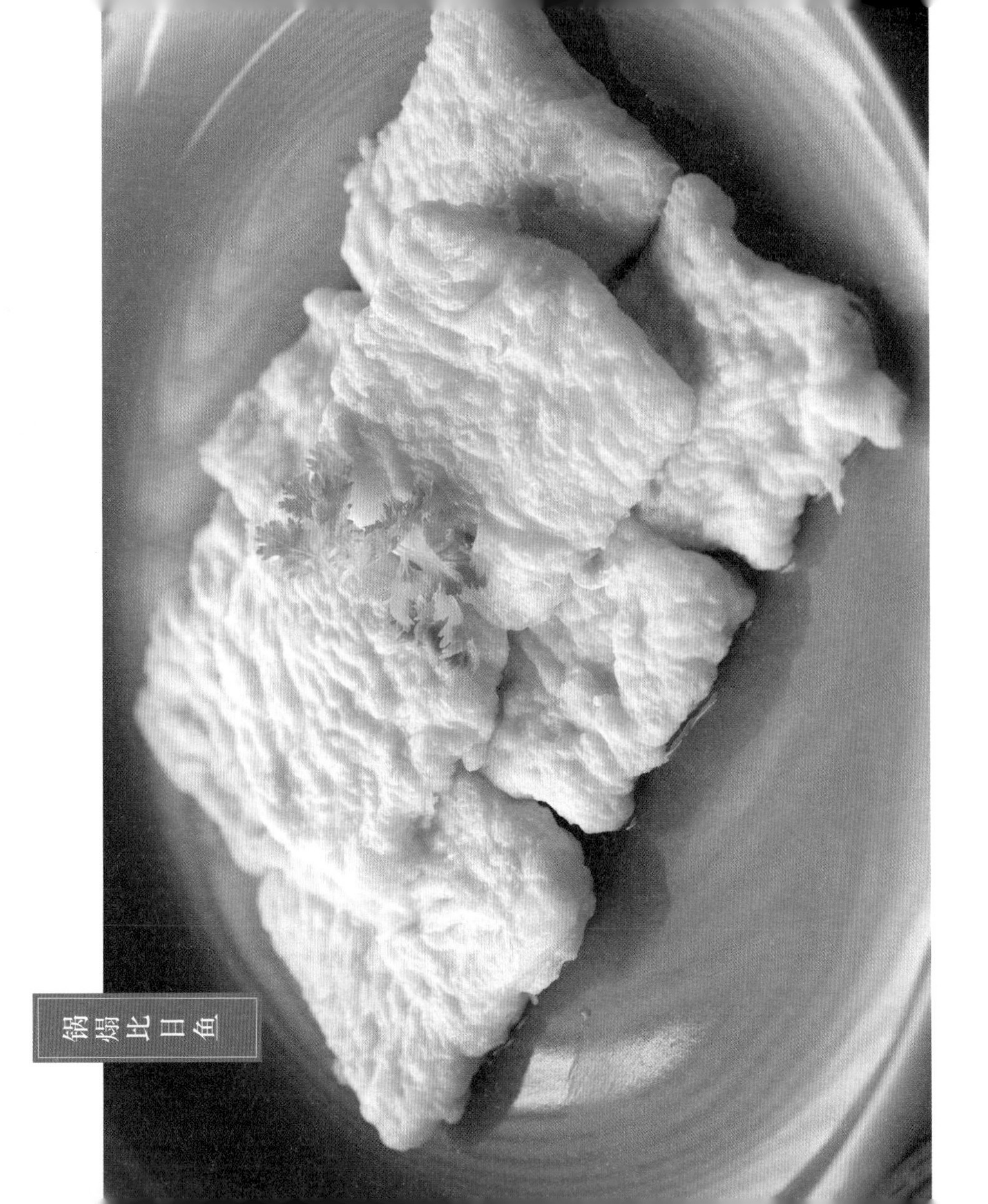

锅塌比目鱼

注

1 挂蛋黄糊使成菜色泽金黄，更加诱人食欲；

2 此菜不可勾芡。

做法

① 整鱼去骨、去皮取肉；

② 鱼肉改成长一寸二、宽一寸的长方块；

③ 鱼肉用盐、黄酒稍腌；

④ 浸渍好的鱼肉用蛋黄液、面粉挂糊；

⑤ 将鱼肉下入六成热的油锅中，炸制定型，捞出；

⑥ 炒锅放入底油，煸炒葱姜丝，倒入鸡汤，随后将葱姜丝捞出；

⑦ 将鱼块下入鸡汤中，加盐、胡椒粉少许，小火煨透，收干汤汁，出锅。

制法

原料：比目鱼

辅料：蛋黄，面粉，鸡汤

调料：盐，黄酒，葱，姜丝

梅子青大盘

瓷胎覆以梅子青釉，色泽为稳重、内敛之中间色调。器底平而阔，器壁微微内卷收口。无论食材颜色深浅皆适合装盛，摆盘可留出空间，釉色亦秀美可餐。

烧鸭丝炒蜇皮

前门外的教门馆，以『两益轩』最够排场，论资格，比东、西来顺都老。早先梨园行的人都住在南城外，不管哪一工都要注意保护嗓子的。大家都认为吃猪肉最爱生痰，所以不论大教、清真教、梨园行的朋友，都喜欢到教门馆吃牛羊肉。两益轩占了地利的好处，于是就让梨园行给捧起来了。

…… ……

两益轩还有一个菜，是老牌电影明星『黑牡丹』宣景琳所发现的。宣从上海脱离影界，就去北平养老。有一次跟朋友到两益轩小酌，跑堂儿给她介绍一个不荤不素的下酒菜，叫『烧鸭丝炒蜇皮』。烧鸭丝要用带皮的烧鸭切丝，有点熏烤味，海蜇一定要用蜇皮，爱吃香菜的再上一点儿香菜一炒，端上桌来真是色香味俱全，可以说得上是下酒的妙品。不过，这个菜需要恰到好处的火功，蜇皮老嫩都嚼不动，如何才能不愠不火，那就要看大师傅的手艺了。

顾兰君有一年到北平去玩，宣景琳请顾兰君到两益轩小吃，就来了个烧鸭丝炒蜇皮，顾尝了之后赞不绝口。后来回到上海，有一天在四马路『大雅楼』吃饭，想起这菜，大雅楼又是个北方馆，于是要一个烧鸭丝炒蜇皮。等菜端上来一尝，烧鸭丝没带皮，柜上还特别讨好，海蜇皮改用海蜇头来炒，火候拿不稳，简直嚼不动。由此可见随随便便一个菜，摸不着窍门，贸然逞能去试，都会砸锅的。

——（唐鲁孙《中国吃·再谈吃在北平》）

老北京所谓“教门馆”，特指清真饭馆（与此相对，把汉民馆叫作“大教馆子”），字号多带“轩”“顺”等字，著名者有两益轩、同和轩、东来顺、又一顺等；汉民馆则常以“楼”“居”“堂”命名，本地人绝不会弄错。20世纪90年代白塔寺有“涮肉一条街”（那会儿主要就是涮羊肉），有些店家以“居”命名，一看字号就知道是外行开设的，不是传统教门手艺——把羊肉卷成圆柱形，冻硬，用西餐切香肠、火腿的机器切成刨花状的圆片，就是打那会儿兴起来的。

清代北京内城由八旗居住，上层贵族几乎全是旗人（包括编入八旗的满洲人、蒙古人、汉人和其他民族）。旗人，特别是其中的满洲人从关外带来的饮食习惯成为社会主流风尚——对烧烤的重视就是突出特点之一。烧鸭子（即焖炉烤鸭）、烧小猪（即烤乳猪）、烤方（烤大块的带皮猪肋条肉）都是名菜，可以作为正式宴会的“头菜”上桌（一般要上两种烧烤，称为“双烤席”），其档次丝毫不亚于燕窝、鱼翅。

烧烤作为宴会“头菜”当然是“热吃”——趁热片成片（讲究的还要将皮肉分开，分两次上桌），佐以葱、酱、薄饼；但如此肥厚的东西，达官贵人哪有许多胃口大嚼，往往是走形式，象征性地动动筷子，就撤下去了，于是聪明的厨师就发明了许多将烧烤放冷之后再加工的吃法——有意思的是，一旦冷却，烧鸭子就改叫“炉鸭”，烤方就改叫“炉肉”——老北京到便宜坊（咸丰年间有七八家，还有叫便意坊的，并非同一老板，是专门制售焖炉烤鸭、桶子鸡、清酱肉的作坊）买炉鸭，到天福号等“盒子铺”（专卖各种熟肉制品）买炉肉、炉肉丸子，都很方便，既可以回家自己做可口而实惠的炉肉熬白菜、炉肉丸子火锅，也可以到饭庄点清蒸炉鸭、八宝炉鸭、炉鸭丝烹掐菜、炉肉海参、清蒸炉肉等名馔。

因为炉鸭、炉肉已经烤熟，其中的脂肪走掉不少，吃起来肥而不腻，还带有肉类烧烤后独特的香味和口感，无论蒸、煮、烹、炒，都风格独具，很是诱人；特别是数九寒天，用炉肉熬大白菜，是燕京特有的本地风光、家厨美味。

海蜇皮本是拌蜇头的下脚料，用来炒菜有点异想天开，而且其质地特别，对火候要求很高，稍一过火，爽脆就变为坚韧，难以下咽了。蜇皮味淡、无油，配炉鸭丝、香菜段可以增加香味和肥厚的口感，如果火候恰好，蜇皮、鸭皮、香菜各有各的脆劲，在口中各展其妙，嚼之有声，是一道清隽爽口的下酒菜——把这三样看起来完全“不搭界”的食材炒在一起，岂止艺高胆大，简直是神来之笔！只懂得欣赏蒸得稀烂的走油肉、走油蹄髈的“阿拉上海人”当然要诧为异品，赞不绝口了。

注释 ✪

· 两益轩 ·

民国年间,前门外“李铁拐斜街”开设了两家阔院广厅的回民饭馆——“同和轩”“两益轩”，再加上“同益轩”，以后便成为老北京著名的“清真三轩”。

两益轩的名菜“炮（音‘包’）羊肉”旧时尤为著名。该店制作此菜时特别讲究用料：肉必“西口”大羊，切成薄片不能连刀，“炮肉”不用锅，而是用中间略凹的大铛，用旺火热油不断翻搅着炮，直到汁干肉熟。菜中葱要切成斜丝,火候要不爆不温,炮出的羊肉要嫩而熟,葱丝要熟而不烂。(《北京老字号》)

· 东来顺 ·

创业于1914年的东来顺，原址位于东安市场北门，由河北人丁德山（号子青）创办，以经营涮羊肉而驰名。

1903年，丁德山靠一个小饭摊起家，开始只卖些熟杂面和荞麦面扒糕，因价格公道，颇受顾客欢迎。1906年，经过许可，丁德山在摆摊的地方盖起了棚子，挂出“东来顺粥摊”的招牌，增加了玉米面贴饼子和米粥，这就是东来顺饭庄的前身。1912年“北京兵变”，曹锟的部队在东华门、东安市场一带放火抢劫，东来顺粥摊也被毁。丁德山于1914年在废墟上建了几间灰瓦房，重新开张，并更名为“东来顺羊肉馆”，增添了爆、烤、涮羊肉等经营品种。

当时北京市面上经营涮羊肉的，以正阳楼饭庄最为著名。丁德山用高薪聘请正阳楼的切肉师傅,在东来顺带出一批徒弟,切出既薄又整齐的羊肉片。同时,还在原料上下功夫,于是东来顺的涮羊肉渐渐以“选肉精”“刀工细”“调料适口”而叫响，至1942年更是在北京独占了涮羊肉的“鳌头”。

在经历了公私合营、翻建扩建、改变名号等沧桑之后，东来顺于1979年

东来顺牌匾旧影

10月正式恢复传统字号。(《北京老字号》)

· 西来顺 ·

西来顺饭庄，当年在北京的“教门”(清真)馆中，亦以“阔”而著称。该店由当时的北平市商会会长冷家骥与西单最大的“恒丽绸缎庄店”经理潘佩华共同出资，由著名厨师褚祥担任经理，于1930年在西长安街路南正式开张。西来顺不仅能置办酒席，还兼卖烤鸭，烹调牛羊肉菜肴更是其“看家”手艺。

清真名厨褚祥对传统回族风味的烧、蒸、烤、涮等烹饪技法均十分拿手，同时还大胆改革菜式，将西菜中的烹饪手法引入清真餐饮，从而创立了以菜式华贵、品种丰富为特色的“清真西派菜”。如砂锅鱼翅、云片燕窝、两吃大虾，都是西来顺首创的名贵清真菜式。

1949年以后，西来顺也经历了改制迁址，如今依然供应各种清真菜肴，而褚祥当厨的风光已无从寻觅。(《北京老字号》《北京传统文化便览》)

● 宣景琳

· 宣景琳（1907—1992）·

中国电影演员，上海人。1925 年入明星影片公司任演员，主演《最后之良心》《上海一妇人》等无声片。1931 年为天一影片公司主演中国第一部“片上发音”的有声片《歌场春色》。后在大同电影企业公司、上海电影制片厂拍摄《自由天地》《家》等影片。共在 40 余部影片中担任主角或重要角色。（《辞海》）

· 顾兰君（1918—1989）·

中国早期电影演员。原名顾小蝉，上海人。1934 年初登银幕，在著名导演沈西苓的影片《上海二十四小时》中饰纱厂女工。之后参加《落花时节》《翡翠马》《夜来香》《金刚钻》《生龙活虎》等影片的拍摄。1938 年加入上海新华影业公司，主演大型古装片《貂蝉》，以精湛的演技塑造了为国献身的美女貂蝉。顾兰君从影 22 年，先后出演了 50 多部影片。（《中外影视大辞典》）

烧鸭丝炒蜇皮

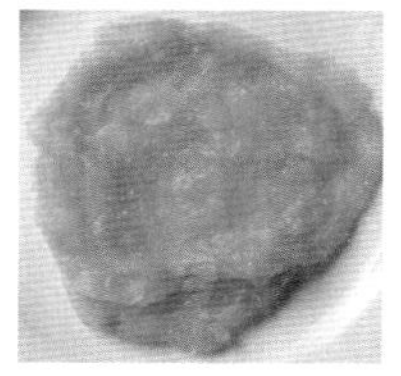

制法

原料：带皮烤鸭肉，海蜇皮

辅料：香菜

调料：盐，料酒，胡椒粉，米醋，香油，葱，姜，蒜

做法

① 烤鸭肉连皮带肉切丝；
② 海蜇皮切丝，香菜切段，葱姜切丝，蒜切片；
③ 海蜇皮飞水过油，控干；
④ 锅留少许底油，煸炒葱姜丝、蒜片，下入香菜段，加入盐、胡椒粉调味；
⑤ 下入蜇皮丝，烹入料酒、米醋，之后加入鸭丝，旺火快速翻炒；
⑥ 淋少许香油，出锅码盘。

注

1 香菜取梗，才能配合此菜的口感；

2 蜇皮翻炒时不宜老不宜嫩，一定要注意火候。

粉青瓷碗

白瓷粉青釉，素面朝天，简洁实用，既可盛菜亦可盛饭。饭、菜之色影入釉色，自成纹理。

08

红烧鸽蛋

北方馆子有红烧鸽蛋一味。鸽蛋比鹌鹑蛋略大，其蛋白蛋黄比鹌鹑蛋嫩，比鸡蛋也嫩得多。先煮熟，剥壳，下油锅炸，炸得外皮焦黄起皱，再回锅煎焖，投下冬菇笋片火腿之类的佐料，勾芡起锅，好几道手续，相当麻烦。可是蛋白微微透明，蛋不大不小，正好一口一个，滋味不错。有人任性，曾一口气连吃了三盘。

——梁实秋《雅舍谈吃·鸽》

用鸡蛋来做此菜就叫作“虎皮蛋”。如果肯用柴鸡蛋的话,已经相当“奢侈”，用鸽蛋无非“变本加厉”而已。没吃过鸽蛋之前，不知此菜的妙处，吃过之后，才晓得确是美味。

梁先生所述做法相当详细，但也有挂一漏万之处：鸽蛋油炸后红烧即可，可以焖，不必再煎；烧时要用好汤；最好在锅里加几块五花肉同煮，利用其脂肪、胶质增加鸽蛋的丰腴饱满——如果是宴会，装盘时拣出就是；否则一起上桌，肉也是美味。

福州菜将鸽蛋归入野味，似乎对它特别重视。“群英荟萃”的福建第一名菜佛跳墙里固然有它的一席之地，其余如掌上明珠、猪脊髓窝鸽蛋、水晶鸽蛋皆清鲜嫩滑、工细无比；八宝趋纱鸽蛋（原文就是“趋纱”，我不通福州方言，实际就是形容煮熟去皮的鸽蛋油炸之后表面的皱褶——要是搁在上海菜里，一定写成“绉纱”）基本就是这道红烧鸽蛋的翻版，只是多加配料而已。

《红楼梦》里的刘姥姥在大观园中吃过两道名菜：茄鲞（见第四十一回《贾宝玉品茶栊翠庵　刘姥姥醉卧怡红院》）和鸽子蛋（见第四十回《史太君两宴大观园　金鸳鸯三宣牙牌令》)。前者由于王熙凤调动伶牙俐齿，将制作工艺刻画得入木三分，弄得通国皆知，凡谈论红楼饮馔者，少有不涉及茄鲞的；后者只说是“一碗鸽子蛋”，则既没提到制法，也无正式菜名，故其名不彰，往往被人忽略。其实如此写法正是雪芹故弄狡狯，同样是写王熙凤要弄刘姥姥，一种是详述菜品的制作过程，引得刘姥姥“摇头吐舌”，惊叹“倒得多少只鸡配他，怪道这个味儿！”；一种重在动作，让刘姥姥用“一双老年四楞象牙镶金的筷子”去夹鸽蛋，弄得手忙脚乱——总之是以富贵侮贫贱，不过为了博贾母一笑而已（凤姐儿虽然出身贾王史薛“四大家族”，颇干过一些损阴败德的勾当，这次却与刘姥姥颇有默契，且打赏白银百余两，跟后世国民党“二代”中气焰熏天、乖张暴戾、视人命如草芥的“混世魔王”孔二小姐者流相比简直是通情达理、忠厚善良到家了)。而作者笔法前后不同，疏处可以走马，紧处密不透风，一略一详，一动一静，信手写来，摇曳生姿。换作我辈，必定把两道菜一并写得清清楚楚——这就是大家和俗手的区别所在吧。

鸽蛋的格调胜鹌鹑蛋远甚，无奈产量太低，一只鸽子一年也就产十余枚蛋，所以价高而难得，多数人不识庐山真面目了。过去中餐有不少以鸽蛋为主料的菜品，如今集体“失踪”，凡是用鸽蛋作辅料的地方一律用鹌鹑蛋冒充，许多人根本没吃过鸽蛋，也就无从判断其差距了。鸽蛋的好处是蛋白晶莹如羊脂玉、富于弹性，蛋黄吃起来不“死”，而且本身有自己的香鲜味；和它比起来，鹌鹑蛋根本就是婢学夫人，毫无风度气质可言。

注释 ✪

· 红烧 ·

烧，是将经过初步熟处理的原料加适量汤（或水）用旺火烧开，中、小火烧透入味，旺火收汁成菜的烹调方法。在广东、福建一带亦称为焗（音 qu）。适用于多种原料。根据原料质地与具体菜肴的要求，原料通常需经过汽蒸、过油、煸炒等处理以后再烧制。烧菜的汤汁一般为原料的 1/4，并勾入芡汁（也有不加芡汁的），使之黏附在原料上。成菜特点：卤汁少而浓，口感软嫩而鲜香。

古代烧法有不同的内涵，最初指将食物原料直接上火烧烤成熟。这种最原始的直接干加热成熟的烹调法，延续的时间最长。至今华南一带的卤味也称之为烧。后来，将食物封于锅中，在锅下加热，亦称烧。到了南北朝时，出现了烧饼之类，是一种入炉炙烤烧熟法。宋元时始有汤汁烧法，如烧猪脏、烧猪肉等（《云林堂饮食制度集》）。清代烧法有了广泛应用，如烧肚丝、烧皮肉、烧瓤虾绒、烧冬笋等，同时出现红烧、煎烧等方法。（《调鼎集》）

近代烧法多种多样，变化很大，以色泽分：有红烧、白烧；以风味分：有葱烧、酱烧、糟烧；以初步熟处理的不同分：有煸烧、煎烧；以外还有老烧、干烧等。其中常用的是红烧、白烧、软烧、干烧、葱烧等。

红烧是因成菜色泽为酱红色或红黄色故名。适用于色泽不太鲜艳的原料。原料烹制前一般经过焯水、过油、煎炒等方法制成半成品，以汤与带色的调味品（酱油、糖色等）烧成金黄色，或柿黄色、浅红色、棕红色与枣红色，最后勾入芡汁（或不勾芡汁）收浓即成。如河南红烧鲤鱼、山东红烧肉、四川红烧鱼唇、江苏红烧沙光鱼、湖南红烧寒菌等。（《中国烹饪百科全书》）

· 福州菜 ·

福州菜，闽菜（福建菜）的主流，盛行于福州、闽东、闽中、闽北一带，素来以选料精细、操作严谨、色调美观、调味清鲜而著称，形成了具有南国风味的传统技艺，对此《福建通志》中早有记载。到清代，福州的烹饪技术有了新的发展，名冠众菜之首的“佛跳墙”，就是这个时期的产物，至今已誉满中外，脍炙人口。

琅岐岛的蟳（一种海蟹）、河鳗，长乐梅花的竹蛏，樟港的海蚌以及闽江上游的石鳞、冬笋、香菇等，给福州菜肴提供了丰富的、独特的原料。烹调擅长炒、熘、爆、炖、蒸、煨。菜肴则偏重于甜、淡、酸、汤，实则甜而不腻，淡而不薄，酸而不酷，汤重清鲜。善于用红糟为佐料，尤其讲究调汤，给人“百汤百味”、糟香袭鼻之感。如茸汤广肚、肉米鱼唇、鸡丝燕窝、糟汁氽海蚌、淡糟鲜竹蛏等。（《中国烹饪百科全书》《福建菜谱·福州》）

· 掌上明珠 ·

将鸭掌洗净下沸水锅氽七成熟，出骨，粘干淀粉，掌心抹上虾泥；将煮熟去壳的鸽蛋一剖为二，放在鸭掌心上，蒸熟；排在蒸好的鸭蛋清面上；再装上火腿片和氽熟的香菇，浇上鸡汤。此菜色呈乳白，质嫩脆，味清鲜。（《福建菜谱·福州》）

· 猪脊髓窝鸽蛋 ·

在大碗中放些清水，揌进白鸽蛋，慢慢倒进温水锅中，用微火煮成嫩水泼蛋，轻轻捞起，排在汤碗左边；将猪髓剥去膜、抽去筋，放进六十度热水中，加入精盐煮熟后捞起，切成一寸五分长段，放在碗中，用鸡汤和少许绍酒烧

● 佛跳墙

沸汆一下，滗去汤，排在汤碗右边，碗中间一边排香菇，一边排火腿片；最后将鸡汤下锅，加入白酱油、味精煮沸，起锅徐徐浇在鸽蛋猪髓上即成。成菜色泽鲜艳美观，质地软润。(《福建菜谱·福州》)

·水晶鸽蛋·

先将鸭蛋清放在碗中，加入鸡汤、精盐，用筷子打散搅匀，蒸熟；将整鸽蛋放入清水碗中，蒸熟，剥去蛋壳，放在蒸熟的鸭蛋清上；鸡汤加盐煮沸，徐徐倾入鸽蛋上，排上火腿片。此菜洁白透明，味清爽口。(《福建菜谱·福州》)

·八宝趋纱鸽蛋·

将鸽蛋放入清水碗中，蒸熟，剥去蛋壳，放在碗中用酱油染色；将熟猪肚、脑、蹄筋、猪舌、鸭肝、鸭肫切成小块（这些原料加上鸭掌和香菇共称“八宝”)；将去壳鸽蛋放在大漏勺中下入油锅炸至浅黄色，蛋面像趋纱泡；将“八宝”下入炒锅，加酱油、绍酒、麻油、上汤煨五分钟，加入湿淀粉勾薄芡，起锅装在汤盘中；炸好的鸽蛋加上汤、酱油略煮，捞出，码在“八宝”上，锅中黏汁浇在鸽蛋上。此菜色形多样，美观鲜艳，味荤质软。（《福建菜谱·福州》）

· 孔二小姐 ·

孔令俊（1919—1994），又名令伟，原国民政府行政院长、财政部长孔祥熙的次女，人称“孔二小姐”。

孔令俊自小受到孔祥熙、宋霭龄夫妇宠爱，过着衣来伸手、饭来张口的生活，骄横自大，目中无人，是孔祥熙子女中最桀骜不驯的一个，常常惹出惊天动地的事端，曾经在光天化日之下和云南军阀龙云的三公子因口角在重庆中央公园开枪对射，伤及多名游人。

孔令俊个性极强，平时从不穿女装，骑马、开车、打枪、射箭，言谈举止样样模仿男人。

1942 年，宋霭龄为孔令俊取得了圣约翰大学的文凭。随后，又着手为其操办婚事，并寄希望于陈立夫介绍的胡宗南。可胡宗南听说孔二小姐的劣迹后，坚决不同意。

抗日战争期间，孔祥熙把祥记公司、广茂兴、晋丰泰三个票号的经营权交给她。抗日战争胜利后，孔令俊自己搞起了嘉陵公司，后因政治原因，她开始把资金和财产转移到美国。1949 年，孔令俊去了美国。

1962 年，孔祥熙夫妇带着孔令俊从美国到台湾。后孔氏夫妇、宋美龄相继离开，孔令俊继续留台，任圆山大饭店经理。1994 年病逝于台北，终身未婚。（《繁华散尽：四大家族的后人们》）

红烧鸽蛋

制法

原料：鸽蛋

辅料：火腿，冬笋，香菇，鸡清汤，油菜，枸杞子

调料：盐，黄酒，酱油，白糖，淀粉

做法

① 鸽蛋煮熟，去壳；

② 将鸽蛋下入油锅，炸至深黄色；

③ 香菇改刀成圆形，冬笋、火腿改刀成半月牙形；

④ 鸽蛋加鸡清汤、香菇、冬笋、火腿、盐、酱油、白糖，下锅烧透，捞出装盘；

⑤ 油菜心根部插入枸杞子，飞水焯熟，制成鹦鹉菜心，码在鸽蛋的周围；

⑥ 原汤勾玻璃芡，点少许香油，将芡汁淋在鸽蛋上即可。

注

1 蒸制原料时，不必加盐；

2 鹦鹉菜心即点缀了枸杞的油菜心，围边前需用高汤加少许盐烫熟。

青瓷绘青花釉里红盘

瓷胎青釉，釉下绘青花弧线，釉里红散点，是花亦是果。器形为浅斗笠式，装盛时多留盘边，食材与纹饰虚实相生，相映成趣。

09

糟蒸鹅（鸭）肝

民国二十年前后，北平又开了三家比较新派的山东馆，是泰丰楼、新丰楼、丰泽园，同行管它们叫『登莱三英』。……丰泽园开在煤市街，在『三英』中属于后起之秀，他家的糟蒸鸭肝，不但美食而且美器。盛菜的大瓷盘，不是白地青花，就是仿乾隆五彩，盘上罩着一只擦得雪亮光银盖子。菜一上桌，一掀盖子，鸭肝都是对切矗立，排列得整整齐齐。往大里说像曲阜孔庙的碑林，往小里说像一匣鸡血寿山石的印章。这个菜的妙处第一毫无腥气，第二是蒸的火功恰到好处，不老不嫩，而且材料选得精，不会有沙肝混在里头。

——唐鲁孙《中国吃·吃在北平》

现在所要谈到的糟蒸鸭肝是山东馆子的拿手，而以北平东兴楼的为最出色。

东兴楼的菜出名的分量少，小盘小碗，但是精，不能供大嚼，只好细品尝。所做糟蒸鸭肝，精选上好鸭肝，大小合度，剔洗干净，以酒糟蒸熟。妙在汤不浑浊而味浓，而且色泽鲜美。

有一回梁寒操先生招饮于悦宾楼，据告这是于右老喜欢前去小酌的地方，而且以糟蒸鸭肝为其隽品之一。尝试之下，果然名不虚传，惟稍嫌粗，肝太大则质地容易沙硬。在这地方能吃到这样的菜，难得可贵。

——梁实秋《雅舍谈吃·糟蒸鸭肝》

以酒入馔的习惯，不少国家都有；用酒糟制造美味，似乎是中国的专利——我和张少刚一起去那不勒斯交流中意美食，做了两次糟熘鱼片，皆大受欢迎，但解释如何调制香糟酒，可着实费了我不少气力。

我在另一本书中写过："当代用糟手法，有生熟、冷热之别。生糟自然用冷糟，关键在于食材是生的，代表作是浙江平湖糟蛋。熟糟则有冷热之分，热糟如鲁菜之糟熘三白、糟煨冬笋、糟蒸鸭肝，沪菜也有糟钵头；上海的糟货则属冷糟范围……"

糟与酒虽然同出一坛，都是酒精发酵的产品，但两者香味特点不同："酒香固然比糟香浓郁，但放少了一加热就会挥发一部分显得香味不足，放多了会有酒精的苦味；而且酒香比较刺激，不如糟香来得柔和蕴藉，清新隽永，富于回味。"

中餐用糟较多的菜系除了上海菜、福建菜（以红糟著称），就属鲁菜了。鲁菜用糟，要求原料颜色浅淡（多牙白、淡黄），质地软嫩、细滑或爽脆，味道鲜美（可略带腥气），芡汁较多，口味则甜中带咸，糟香扑鼻。

这道菜调味的关键在香糟酒，酒要自己吊，其中的黄酒可选稍陈的花雕，不要用料酒充数；此菜火候要求甚高，因为肝块是像印章一样竖立盘中的，火候不足则不堪食用，稍过则影响形状，甚至倒下，视觉效果就全部泡汤了；菜量不能大，最好是一人一块，尽快吃掉，稍微变凉，味道、口感都会打折扣。

少刚曾创作过一道冷菜——清酒鹅肝，用日本清酒调制的卤汁把法国肥鹅肝浸至将熟未熟，中心还带一点粉红色，吃口细腻、滑润、肥厚而爽口。我受糟蒸鸭肝的启发，建议用香糟酒代替清酒制卤来浸鹅肝，结果居然出人意料地美味——糟香浓郁而隽永，再加上香糟酒中淡淡的桂花香，与鹅肝本身特有的香味、口感竟是绝配，不仅远胜清酒鹅肝的淡而无味，其诱人程度甚至不输法国传统的鹅肝批。

鸭肝有老有嫩，要特别选质地细嫩润滑的；试制此菜时，少刚抱怨找不到合用的鸭肝。我们商量的结果，干脆就用糟好的鹅肝代替，加香糟酒快速蒸一下，原汤滗出，勾一芡汁，再浇到肝上——由于已经用糟卤浸过，鹅肝加倍入味，丰腴醇厚，脂腻芬芳，口感之美，鸭肝更是难以望其项背。我一贯以为，鲁菜的糟熘、糟蒸用在肥鹅肝身上，几乎是量身定制，再合适不过了。

注释

· 肥鹅肝 ·

即强行灌食鹅之后所取得的“肥肝”。这种食品可回溯至罗马时期甚至更久以前，自古便深获人们赞赏。公元前2500年的埃及艺术中，显然就有受强行灌食的鹅。由于营养长期过剩，原本小而精瘦的红色内脏会长到正常尺寸的10倍大，含脂量高达50%—65%，油脂分散在肝细胞极其细小的微粒内，完美融合了光滑、丰润和美味的细腻口感，创造出无与伦比的滋味。品质优良的肥鹅肝，外表不能有破损，颜色因含脂肪微粒而显得苍白，且质地绵密。好的鹅肝在冷却状态下，手指下压会下陷并留有指印。（《食物与厨艺：奶·蛋·肉·鱼》）

· 香糟酒 ·

将糟泥（酿造黄酒剩下的材料，也叫糟糠，是吊糟的主要原料）、黄酒、糖桂花、食盐、绵白糖，放入罐内密封（过去用坛，现在可用不锈钢桶），夏季三天，天凉时需七天，其间翻搅一次，让各种材料充分融合。用纱布将糟泥包裹，吊起来过滤，控出的汁液，滴入下面的桶内。第一次吊出来的汁要沉淀一天，取上面的清汁再过滤，即为香糟酒。

· 泰丰楼 ·

原址在正阳门外煤市街一号。清末民初北京著名的京菜馆，为“八大楼”之一。该店以经营山东风味菜为主，生意兴隆。1952年歇业，1984年3月8日迁至前门西大街，重新开张。其名菜主要有：一品官燕、砂锅鱼翅、红烧海参、清蒸鸭子和四生片火锅等。（《北京传统文化便览》）

● 右图：东兴楼旧影
● 左图：丰泽园旧影

· 丰泽园 ·

开业于 1930 年，位于前门外珠市口，是京城内经营正宗山东风味的老字号。由姚泽生（同德银号经理）、陈焕章（新丰楼名厨）等二十几位擅长济南菜的厨师开办。30 年代的丰泽园，四进大院，青堂瓦舍，整齐宽敞。餐厅内使用的是清康熙、乾隆年间的酒具、瓷器，桌面上是清一色银器，十分高雅。丰泽园名厨荟萃，烹技高超，并不断涌现出新人。烹制的菜肴，选料精细、操作严谨、刀法娴熟，讲求火候，各种爆、炸、炒、扒、熘、蒸的山东菜，味道纯正、各具风格。其名菜有葱烧大乌参、干烧大鲫鱼、鸡油扒菜心、芙蓉鸡片、酱爆鸡丁、油爆肚仁、葱烧海参、鸡茸菜心、酱汁活鱼、烩乌鱼蛋等。(《北京传统文化便览》)如今北京鲁菜泰斗王义均大师就是丰泽园出身。

· 东兴楼 ·

老北京的饭馆，很多字号均带“楼”字，历史上京中最负盛名的号称“八大楼”，其中一说系如下八“楼”：“东兴楼”“会元楼”“万德楼”“鸿兴楼”“富源楼”“庆云楼”“安福楼”“悦宾楼”。“东兴楼”，即是八楼之首。东兴楼开业于清光绪二十八年（1902），原址在东安门大街，有南北两号，占地达5000余平方米，经营山东风味菜肴。由于经营得法，不久便创出了门面，生意大振，盛极一时。

东兴楼虽然名“楼”，实际上却并无楼。因当时该店地址在市中心（旧称“内城”）的东安门大街，靠近皇城，且左邻右舍都是些大官僚的住宅，按规定是绝不可以“喧宾夺主”的，不准盖楼。那时，该店的服务对象自然也是这类上层人物，故而被称为当时京城“一等一”的馆子。

民国十五年(1926)十一月北京《晨报》载文介绍东兴楼：“东兴楼地居东城，规模极大，且座位整理极清洁，故外人（意指‘洋人’）之欲尝中土风味者，率趋之。菜以‘糟蒸鸭肝’‘乌鱼蛋’‘酱汁中段’‘锅贴鱼’‘芙蓉鸡片’‘奶子山药泥’为著名。而整席之菜虽十数桌，亦不草率，均巨客咸乐用之。”可见当时该楼之“气派”。

“选料精”“制作细”“质量高”“服务好”，是东兴楼创出声誉的四个基本要点。该店以擅长烹调鲜鱼而闻名，饭庄院内就砌有活鱼池，顾客可当场挑选，厨师立即烹制，保证肉嫩味鲜。对于此种方式，昔浙江桐乡严缁生先生曾在其《忆京都词》中赋词称赞：“忆京都，陆居罗水族，鲤鱼硕大鲫鱼多，当客击鲜随所欲。此间俗手味烹鲜，令人空自羡临渊。”并在其后自注道：“京都虽陆地，而多谙陶朱种鱼术，故鱼多肥美，不徒恃津门来也。酒肆烹鲜，先以生者视客，即掷毙之，以示不窃更……”

旧时，东兴楼饭庄的炒菜厨师严格地分为“头火”“二火”“三火”“四火”等几个等级，各个等级分工极为明确，高级菜规定必须由“头火”炒（俗称“当灶”），其他以此类推。饭庄全盛时期，即便是最“末火”做汤菜的师傅，也得有10年以上的烹调经验，要求严格，绝不含糊。

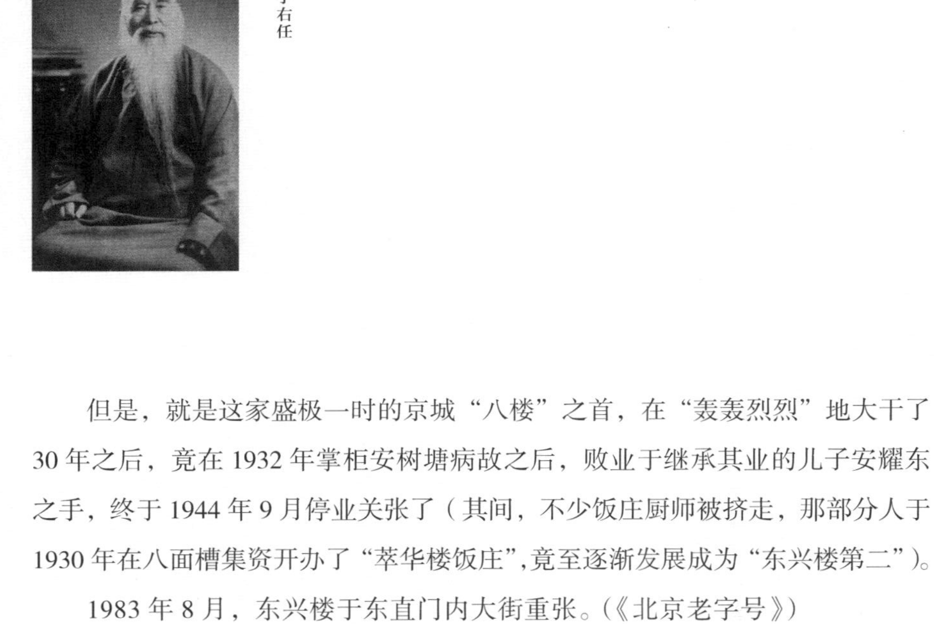

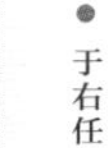

● 于右任

但是，就是这家盛极一时的京城“八楼”之首，在“轰轰烈烈”地大干了30年之后，竟在1932年掌柜安树塘病故之后，败业于继承其业的儿子安耀东之手，终于1944年9月停业关张了（其间，不少饭庄厨师被挤走，那部分人于1930年在八面槽集资开办了“萃华楼饭庄”,竟至逐渐发展成为“东兴楼第二”)。

1983年8月，东兴楼于东直门内大街重张。(《北京老字号》)

· **梁寒操**（1898—1975）·

原名翰藻，号均默。广东高要人。早年毕业于广东高等师范学校，加入中国国民党。曾任国民党中央政治委员会委员等职；1949年赴香港，后迁往台湾。(《中国国民党史大辞典》)

· **于右（任）老**（1879 —1964）·

原名伯循，字诱人，号太平老人等。生于陕西三原县，光绪末年举人。1906年追随孙中山参加“同盟会”，历任国民政府要职，文笔与书法曾被誉为一代之雄，85岁故于台湾。(《中国当代文化艺术名人大辞典》)

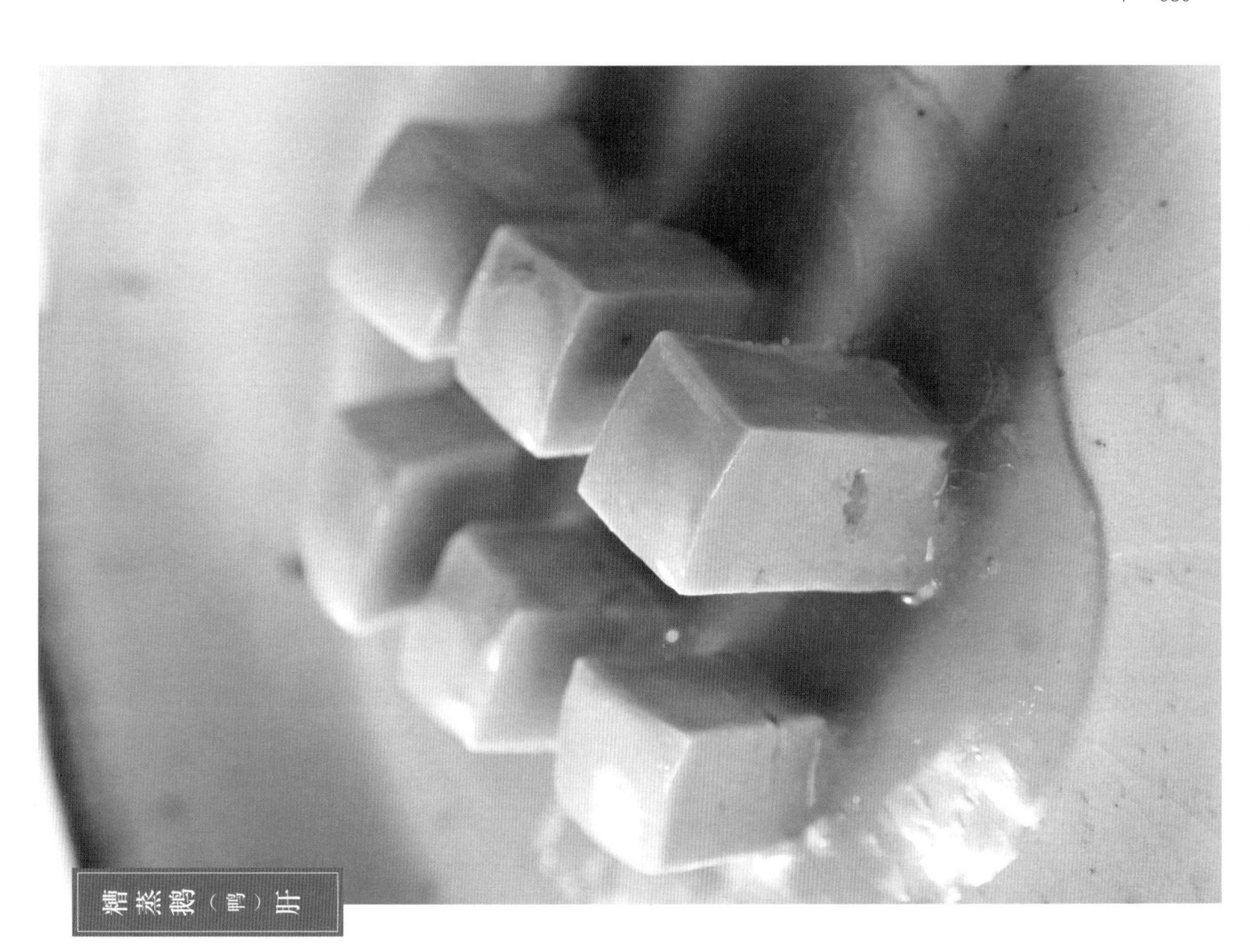

糟蒸鹅（鸭）肝

制法

原料：肥鹅肝
辅料：鸡清汤
调料：香糟酒，盐，糖，淀粉

做法

① 香糟酒加热后，将整块鹅肝浸入，密封浸至七八成熟；
② 取出鹅肝放凉后放入冰箱，使之冷透；
③ 将冷藏后的鹅肝切成印章大小的长方块，放入盘中，入蒸箱加香糟酒稍蒸；
④ 从蒸箱中取出鹅肝，将盘中的汤汁倒出，加盐、糖调味，勾芡，打明油，淋在鹅肝上即可。

注 鹅肝细嫩润滑，富含油脂，切成印章块后，对蒸制的火候要求极高，不足会影响口感，过度则影响外形。

青瓷铁斑盘

混合瓷土，散在泥中之氧化铁点，烧成后呈斑点晕染分布，又以铁绘收住口沿，统括空间。器底平阔，青釉蕴藉。盛以暖色食材，有青釉衬托、铁绘呼应之趣。

10

（雉）鸡丁炒酱瓜

北平西郊有个地方叫八宝山，是雉鸡、竹鸡入冬以后的集散地。山上有一种野生万春藤，藤实当地人叫它草果，是雉鸡竹鸡暖冬恩物，冬天喜欢吃点野味的人，带着猎枪到八宝山跑一趟，准能饱载而归，拿两只雉鸡送给亲友当年礼，一方面是花钱买不到的稀罕物儿，另一方面也显派显派自己的枪法有准。所以在年根底下，北平老住户也有亲朋好友送点野味来给您添年菜。雉鸡拔毛开膛洗净后切丝，先用调味料姜酒盐葱泡一下，然后用酱瓜切丝合炒，或是用雪里红炒也好，野意盎然，献岁发春，换换口味，倒也不错。拳匪（引者注：清廷对义和团的蔑称）之乱，两宫蒙尘，銮驾西幸（引者注：指慈禧太后和光绪帝逃往西安），两宫在潼关进膳，岑春煊进呈雉鸡炒酱瓜丝，独膺懋赏，这道菜后来列入御膳房的膳单，自然更是身价百倍了。

——唐鲁孙《酸甜苦辣咸·北平吃饺子几样年菜》

过年前后，野味上市，山鸡（即雉）最受欢迎，那彩色的长尾巴就很好看。取山鸡胸肉切丁，加进酱黄瓜块大火爆炒，临起锅时再投入大量的葱块，浇上麻油拌匀。炒出来鸡肉白嫩，羼上酱黄瓜又咸又甜的滋味，是年菜中不可少的一味，要冷食。北地寒，炒一大锅，经久不坏。

——梁实秋《雅舍谈吃·酱菜》

这是北京传统经典年菜，要多加酱瓜，取其盐分，以防变质。中餐菜品命名有一规律，即一般情况下，“主料后置”：如名“雉鸡炒酱瓜”，则以酱瓜为主料；反之，以雉鸡为主料，就该叫“酱瓜炒雉鸡”了。

当年的八宝山居然盛产野鸡，真是不可思议！我小时候（20 世纪 70 年代）北京的国营菜市场还有野鸡售卖，家父不止一次买回家，仔细褪掉多彩的羽毛，多加香料红烧，皮下没有什么脂肪，味浓肉柴，与家鸡滋味完全不同；稍不留神还会吃到猎枪射出的铁砂子，把牙硌得够呛——可见确是野生，而非人工驯养的。如今雉鸡已成国家保护动物，只能以家鸡代替。

梁特别标明是“酱黄瓜”，唐则曰“酱瓜”——北京的“酱瓜”并非酱黄瓜，酱的是一种“菜瓜”，似乎是北京独有的品种，在酱园是分得很清楚的；酱黄瓜适合切丁，酱瓜个儿大，中空，切丝切丁均可，两者滋味并不相同；无论哪种瓜，事先都要用淡盐水泡过，以减少咸味。

唐曰“切丝”，梁曰“切丁”，此非原则问题，厨师、食客不妨各取所好。看起来是旗人更讲究一些，其实“丁”的口感更为结实，尤其可以体现酱瓜的爽脆，故舍唐而取梁。

惟梁先生提出要加大量的葱，我以为是知味之言，而且肯定是葱白，切丝切丁皆不可少。葱香固然可以祛雉鸡的腥膻之味；而且北京秋冬季节的大葱葱白于浓郁的香气中略带清甜、辛辣，本身就是一种美味，还能调剂酱瓜过深的颜色、过咸的口味，确实必不可少。

北京所谓年菜，都是除夕前一段时间集中制作，然后放在室外，利用腊月的严寒冷藏保鲜，与此菜同类的，如豆儿酱、芥末墩儿、炒咸什，皆是冷食的，所以特别强调要浇麻油，使食材冷后不至于黏成一团。

《红楼梦》第四十九回《琉璃世界白雪红梅　脂粉香娃割腥啖膻》，贾宝玉“拿茶泡了一碗饭，就着野鸡瓜子”吃，所谓“野鸡瓜子”与瓜子毫无关系，也不是“爪子”的误书，而是野鸡的胸脯肉，可以佐粥，应该口重一些——这是程乙本；庚辰本则作“野鸡瓜齑”，“齑”有腌菜之义，这里既可以理解为将野鸡瓜子做成像“齑”一样可以久藏、冷食的小菜（雪中赏梅，恰是冬景），也可以认为是用野鸡瓜子与咸菜同炒（“齑”也可以理解为切成碎屑的咸菜）——其为雉鸡炒酱瓜乎？

注释 ✪

· 酱园 ·

酱园多带做酱油。此行的做法很活动，除发与各油盐店外，并给各饭馆、客店、商家、住户零送，资本大的亦带腌酱菜。从前都是商人开设，数百年来无任何进步。民国时期学界很注意此事，集资开设酱油厂的很多。(《北京三百六十行》)

北京的老字号酱菜园主要有六必居、天源、天义顺、桂馨斋、致和酱园、大有酱园等。其中以六必居的酱菜瓜最出名，酱菜加工技艺精湛、色泽鲜亮、鲜嫩清香、酱味浓郁、咸甜适度。六必居是北京市目前尚有据可查的最古老的商店，最初为前店后厂的酒铺，后增售柴、米、油、盐、酱、醋，这六种商品为居民生活之必备，故京人称该店为“六必居”。(《北京传统文化便览》)

· 八宝山 ·

在北京市石景山区东部，海拔184米。原名黑山。后因附近产火石、白土子、灰石、红土、青灰、坩土、黄土、砂石八种建筑材料，人称“八宝”，遂改为今名。(《中国地名辞源》)

· 雉鸡 ·

通称“野鸡”，鸟纲，雉科。在中国分布最广的为环颈雉。雄鸟体长近0.9米，羽毛华丽，颈下有显著白色环纹。雌鸟较小，尾也较短，全体砂褐色。喜栖于蔓生草莽的丘陵中。冬时迁至山脚、草原及田野间。以谷类、浆果、种子和昆虫为食。善走而不能久飞。(《辞海》)

● 北京酱园六必居旧影

· 岑春煊（1861—1933）·

广西西林人，原名春泽，字云阶。岑毓英之子。光绪二十六年（1900）任甘肃布政使，八国联军攻陷北京时，率兵护送慈禧太后和光绪帝至西安，升陕西巡抚。后历任四川、两广、云贵总督。(《辞海》)

· 程乙本 庚辰本 ·

《红楼梦》传世版本极多，大致可分为脂评本和程刻本两大系统。

脂本系统大多为八十回抄本，书名多为《石头记》，有脂砚斋批语，主要有：乾隆十九年甲戌（1754）脂砚斋重评本；乾隆二十四年己卯（1759）冬月脂砚斋四阅评本；乾隆二十五年庚辰（1760）秋月脂砚斋重评本；民国元年（1912）上海有正书局石印《国初钞本原本红楼梦》本，首戚蓼生序；北京图书馆藏本，首乾隆四十九年甲辰（1784）菊月梦觉主人序；《红楼梦稿》本等。

程本系统皆为一百二十回刻本，书名多为《红楼梦》，无脂批，主要有：乾隆五十六年辛亥(1791)萃文书屋刊《新镌全部绣像红楼梦》木活字本，简称“程甲本”，首程伟元序，高鹗序；乾隆五十七年壬子（1792）萃文书屋刊本，名同上，简称“程乙本”，首高鹗序，次程伟元、高鹗引言；嘉庆四年己未（1799）抱青阁刊《绣像红楼梦》本；道光十二年壬辰（1832）双清仙馆刊《新评绣像红楼梦全传》本，王希廉评；光绪间上海百宋斋铅印《增评补图石头记》本，王希廉、姚燮评；光绪三十二年丙午（1906）上海桐荫轩石印《增评加批金石缘图说》本，王希廉、蝶芗仙史评；民国十年（1921）上海亚东图书馆排印本，汪原放句读，首胡适《红楼梦考证》。

1957年人民文学出版社据“程乙本”排印本，启功注释；1958年人民文学出版社排印《红楼梦八十回校本》，俞平伯校订；1982年人民文学出版社据“庚辰本”排印本，中国艺术研究院红楼梦研究所校注；1987年，北京师范大学出版社据“程甲本”排印本，张俊等校注。（《中国历代小说辞典·第三卷》）

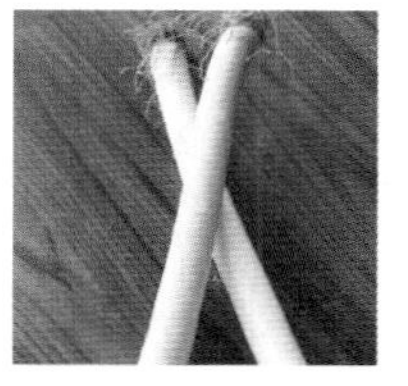

制法

原料：鸡胸肉，酱瓜

辅料：葱白，蛋清

调料：盐，黄酒，胡椒粉，糖，香油，葱，姜，淀粉

做法

① 鸡胸肉、酱瓜分别切丁；

② 鸡丁用盐、黄酒、葱、姜码味，拣出葱、姜，用鸡蛋清、淀粉上浆；

③ 酱瓜丁用淡盐水稍浸；

④ 葱白剥掉三层外皮，切丁；

⑤ 鸡丁下五成热油锅，滑熟，捞出控油；

⑥ 酱瓜下入锅中翻炒，随后加入鸡丁，烹黄酒，加白糖、胡椒粉，放入少许鸡汤，勾芡，撒入葱段，翻炒几下，淋香油出锅。

注

1 鸡胸肉要去皮；

2 酱瓜本有咸味，鸡丁上浆前已码味，炒制时不必加盐；

3 放凉后食用。

（雉）鸡丁炒酱瓜

梅子青葵口大盘

瓷胎覆梅子青釉，润泽清亮，五瓣盘沿及盘底圆线，烧成后露胎呈淡青色浅线，增加灵动感。器形大，器壁高立舒展，器底深广。可装丰盛多色之大菜。

11 烩两鸡丝清油饼

清油饼实际上不是饼，是细面条盘起来成为一堆，轻轻压按使成饼形，然后下锅连煎带烙，成为焦黄的一坨。外面的脆硬，里面的还是软的。山东馆子最善此道。我认为最理想的吃法，是每人一个清油饼，然后一碗烩虾仁或烩两鸡丝，分浇在饼上。

——梁实秋《雅舍谈吃·烙饼》

烩两鸡丝是传统鲁菜，清油饼是北京小吃——这两样吃食，如今都没人做了。烩两鸡丝充分体现了中餐食材搭配的一个经典手法，我在一篇谈竹笋腌鲜的文章中写道：

> 西餐特重食材的搭配，经典如法国的肥鹅肝配黑松露，意大利的火腿配蜜瓜，中餐也讲究搭配，有一种路数是专取同一食材的鲜品和加工品放在一起，以产生特殊的美味。著名的例子有——浙江的金银蹄：以火膧（即火腿的肘子）炖猪肘；南京的炖文武鸭：以烧鸭（即烤鸭）与白鸭各半只同炖；山东的烩两鸡丝：以生鸡丝和熏鸡丝合烩；影响最大的就是这道上海的竹笋腌鲜了。
>
> 加工过的食材，优点是耐储存，有特别醇鲜香肥的滋味，但味道往往过于厚重或偏咸、含水量低，而对应的鲜品恰好味淡、水分充足——两者互为补充，使淡者咸，咸者淡；腴者清，清者腴；乃至干者润，薄者厚。“文武”相会、相撞、相济、相融，相得益彰，产生一种全新的“融合味”，远胜其原本各自的滋味，而且鲜美程度以几何级数增长，于兹可见中国传统烹饪艺术的神来之笔。（《口福—今生必食的100道中国菜》）

关于此菜的滋味，刘叶秋先生回忆：“烩两鸡丝系以生鸡丝和熏鸡丝合烩，腴而不腻，特别清爽适口。生鸡丝，切的是鸡胸脯肉，其色洁白，其味鲜嫩；熏鸡丝则色兼红黄，其味香厚。这两种鸡丝的色香味，各自不同，而合之双美。既显手艺，亦见匠心。”（《回忆旧北京·致美斋话旧》）

清油饼又名“一窝丝清油饼”“盘香饼”，约有二百余年的历史。做法略似抻龙须面，将面粉加盐、水和成面团，揉透、溜匀，才能开始抻面；伸展双臂把面条抻长，然后两手一搭，面条两头合在一起，这叫一“扣”——

抻“龙须面”要达到十三扣，做清油饼，九扣足矣；然后刷上香油，切四五寸段，再抻到八九寸长，盘成圆饼；置饼铛上，反复翻面，烙成金黄色，即熟。(《中国小吃·北京风味》)

民国时期，这在北京不过是一种普通小吃，未必会配上烩两鸡丝或虾仁一起售卖。梁先生的吃法应该属于讲究饮馔的食客的发挥、创造吧。烩两鸡丝鲜腴嫩滑，芡汁必是高汤，不稀不稠，当着客人的面浇到酥脆油润的清油饼上，鲜味随汁水稍稍浸入饼的外层，而酥脆的口感尚存，趁热食之，与四川的锅巴三鲜、上海的两面黄相较，各擅胜场，而清隽过之。

注释 ✪

· 锅巴三鲜 ·

四川名菜。最早的锅巴菜肴是锅巴肉片，又名堂响肉片。后来，随着此菜辅料的多样化，锅巴菜肴的种类也多起来。锅巴菜肴做成后，不但有色、有香、有味、有形，而且有响声，独具特色。吃锅巴菜肴，是先将刚炸好的锅巴上桌，随即把热味汁浇在上面，锅巴会立即发出“哗吱”的响声，香气四溢。锅巴三鲜，鸡肉细嫩，锅巴酥脆，味咸甜酸，是川菜的独有风味。做法是：将鸡脯肉片成薄片，用料酒、盐码味，再用蛋清加干豆粉调成糊将鸡片拌匀；火腿、玉兰片均切薄片，用开水汆透，锅巴用手掰成 3 厘米见方的块；锅内猪油烧至三成热，放入鸡片，滑散后倒入漏勺内控油；锅内热油，下姜、葱、蒜、泡辣椒，炒出香味，下火腿、玉兰片，加汤、酱油、白糖、料酒、胡椒粉和鸡片，加水豆粉勾二流芡（指呈半流体状的芡汁），放醋，起锅装碗；锅内清油烧至七成热，下锅巴炸至呈蛋黄色、酥脆，捞入盘内，加热油，立即与三鲜汁同时上桌，并迅速将味汁倒在锅巴上即成。（《正宗川菜 160 例》）

· 两面黄 ·

面类小吃。制作时将面条下入沸水锅中，用竹筷拨散，煮至面条浮起，加少许冷水，稍焐，至七成熟，用笊篱捞出，冷水冲凉，沥水后加盐拌匀，再加入热油拌透，以防粘连，15 分钟后将面条挑松，隔 10 分钟后，再挑松一次，以保持面条滑爽；热锅下油至八成热，将熟面条下锅，两面炸成金黄色，捞出沥油，装盘，略挑松；然后浇上浇头即成。常见品种有：肉丝和笋丝制成的肉丝两面黄、虾仁和蟹粉制成的虾蟹两面黄、虾仁和猪腰制成的虾腰两面黄等。成品色泽金黄，香脆肥鲜。（《中国小吃 · 上海风味》）

● 两面黄

· 烩 ·

将几种原料混合在一起，加汤水用旺火或中火烧制成菜的烹调方法。动、植物性原料和加工性原料均可混合烩制，烩制前原料须经刀工处理成大小相近的料形，并经焯水、过油等初步熟处理，个别鲜嫩易熟的原料也可生用。一般都在原料下锅前起油锅或用葱姜炝锅，原料下锅后加水或汤，旺火烧煮，至汤汁见稠即可；有的还须勾薄芡。成品特点：汤宽汁稠，口味鲜浓或香醇、软嫩等。根据烩制菜肴的不同风味特点和要求，主料有上浆和不上浆之分。凡生料经细加工后需要上浆或经滑油后再以汤烩制；熟料则经细加工后，以汤直接烩制。烩菜的主料与汤的比例基本相等或略少于汤汁。由于烩制菜肴的汤汁较多，除了清汤烩菜不勾芡外，其他烩制菜肴一般均需勾芡，故勾芡是烩菜与其他汤菜不同的特征之一。在加热过程中，主料不可久煮，汤开即勾芡，芡汁要浓淡适宜，以保持主料质地鲜嫩和软滑的风味特色。

烩法根据操作方法和汤汁的色泽以及芡汁的浓淡程度不同可分为：1. 清烩。热锅加底油，下入葱姜炝锅（也可不炝锅），再下入汤和调料，用旺火将汤烧沸后随下主料，汤沸后去浮沫即可。其汤清澈，味醇香。因不用勾芡，故名清烩。如山东的清烩虾仁、孔府菜的清烩口蘑子、开封的玛瑙烩鸡脑。2. 白烩。原料下锅后，加汤和调味品（不加酱油等有色调味料），用旺火烧沸至主料浓烂时，勾入薄芡即可。因汤汁浓白，故称白烩。如四川的竹荪烩鸡片，北京的烩两鸡丝、烩全鸭，河南的烩银丝，安徽的管廷烩脊髓，上海的烩鸭舌掌，浙江的烩鸡火丝等。3. 红烩。汤汁内加入酱油或糖色等有色调料，汤沸后淋入浓芡。因汁稠色重，故名。4. 烧烩。主料过油后进行烩制，如山东烧烩大肠、河南烧烩肘子。5. 糟烩。在调料上加入适量糟汁的烩制方法，其成菜汤汁比其他烩制菜肴汤汁少，如糟烩肥肠等。(《中国烹饪百科全书》)

· **刘叶秋**（1917—1988）·

本名刘桐良，北京人。曾在天津《民国日报》任副刊主编。在天津津沽大学、北京政法学院等校任教。为商务印书馆编审，《辞源》主编之一，《成语熟语词典》主持编撰者。(《中国当代文艺名人辞典》)

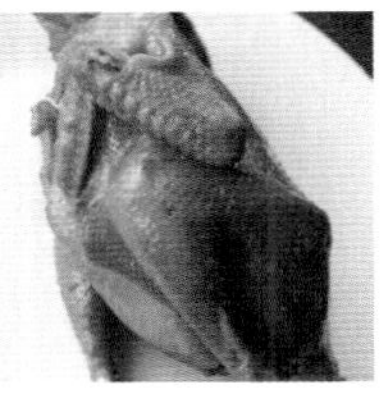

制法

原料：鲜鸡胸肉，熏鸡肉，龙须面

辅料：豌豆，鸡汤

调料：盐，胡椒粉，香油，葱，姜，淀粉

做法

① 鸡胸肉改刀切丝，熏鸡手撕成丝；

② 龙须面盘成饼形，煎烙制成清油饼；

③ 生鸡丝加蛋清、淀粉上浆，过油滑熟；

④ 炒锅放底油煸炒葱、姜丝，倒入鸡汤，捞出葱、姜丝；

⑤ 下入两种鸡丝，加盐、胡椒粉调味；

⑥ 加水淀粉勾芡，撒入豌豆，点香油出锅，装盘；

⑦ 配清油饼上桌。

注

1 蒸制原料时，不必加盐；

2 鹦鹉菜心即点缀了枸杞的油菜心，围边前需用高汤加少许盐烫熟。

烩两鸡丝清油饼

青白瓷铁绘盘

白瓷素胎，略带青色。器心『一笔绘』似飞白，盘沿铁绘收边统括。器形一掌余阔，适用范围广，装盛灵便。

12

锅烧鸡

北平的饭馆几乎全属烟台帮；济南帮兴起在后。烟台帮中致美斋的历史相当老。清末魏元旷『都门琐记』谈到致美斋：『致美斋以四做鱼名，盖一鱼而四做之，子名「万鱼」，与头尾皆红烧，酱炙中段，余或炸炒，或醋溜、糟溜。』致美斋的鱼是做得不错，我所最欣赏的却别有所在。锅烧鸡是其中之一。

…… ……

锅烧鸡要用小嫩鸡，北平俗语称之为『桶子鸡』，疑系『童子鸡』之讹。

我所谓桶子鸡是指那半大不小的鸡，也就是做『炸八块』用的那样大小的鸡。整只的在酱油里略浸一下，下油锅炸，炸到皮黄而脆。同时另锅用鸡杂（即鸡肝鸡胗鸡心）做一小碗卤，连鸡一同送出去。照例这只鸡是不用刀切的，要由跑堂的伙计站在门外用手来撕的，撕成一条条的，如果撕出来的鸡不够多，可以在盘子里垫上一些黄瓜丝。连鸡带卤一起送上桌，把卤浇上去，就成为爽口的下酒菜。

何以称之为锅烧鸡，我不大懂。坐平浦火车路过德州的时候，可以听到好多老幼妇孺扯着嗓子大叫『烧鸡烧鸡！』旅客伸手窗外就可以购买。早先大约一圆可买三只，烧得焦黄油亮，劈开来吃，咸渍渍的，挺好吃，这种烧鸡是用火烧的，也许馆子里的烧鸡加上一个锅字，以示区别。

——梁实秋《雅舍谈吃·锅烧鸡》

此菜涉及中餐常用食材——小雏鸡。我小时候还能见到，如今竟成了稀罕物。究其实，不过是初夏时节杀掉的一批小公鸡而已。

过去农家养的鸡都是春天抱窝孵蛋，孵出的小鸡三个月后能长到体重一斤以上，其中自然有公有母；公鸡不仅不下蛋，到了发情期还会互相争斗，影响整个鸡群的生活质量，所以只留下少量用于繁殖，多余的都要杀掉。由于此时的小公鸡还没配育过，又称为“童子鸡”，也有写成“筒子鸡”或“桶子鸡”的，当是同音之讹。

如今工业化养鸡，随时孵化，无论公母，四十来天就出栏宰杀完毕，老母鸡固不可得，小雏鸡也同样绝迹于厨房。

中餐的许多名菜都依赖于这种小雏鸡，仅就鲁菜而论，就有扒雏鸡、烤小雏鸡、油烹雏鸡、黄焖鸡、布袋鸡、苹果鸡、炸鸡椒、炸面包鸡块、炸八块等，还有不少用鸡脯肉做原料的菜品，部分鸡脯的来源也很可能是小雏鸡——因为老母鸡或大公鸡鸡脯肉纤维粗老，无论熘、炒、爆哪种做法，成菜之后都缺少鲜嫩润滑的滋味，难以达到菜式设计的理想效果。

每每想起儿时，初夏，雏鸡刚肥，尖椒恰好新鲜上市——北京出产的这种辣椒香味特别浓郁清新，多数不辣，偶尔会有一个辣得不得了。父亲用粮票跟农民换来活鸡（1953 年至 1992 年间，粮食政策是统购统销，禁止自由买卖。城市人口发给粮本、粮票，定量供应粮食，不用说去粮店购粮，就是到饭馆、小吃摊、点心店，没有粮票连一碗饭、一块糕都买不走；粮票又分为米票、面票、“粮票”，“粮票”实际只能购买玉米面之类的粗粮，而且此地的粮票跟彼处的不能通用。种粮的农民被征购之后，所剩余粮不够果腹，只能悄悄地用一点农副产品到“黑市”跟城里人交换粮票，或者到熟人家用少量细粮换取较大量的粗粮“粮票”，这还是 20 世纪 70 年代对“资本主义尾巴”管控相对宽松时期的情况。我家主食吃得少，故有少许富余“粮票”，偶尔进行这种交换），杀掉之后，立即斩块，以尖椒段炒之，香鲜脆嫩；鸡杂和血豆腐还可以汆一小锅汤，撒上胡椒粉，远胜当年上海城隍庙的“全色鸡鸭血汤”，更不要说如今连锁店批量生产的鸭血粉丝汤了——如今的我不知吃过多少当年做梦也梦不到的中外美食，可是这样的享受、情味永远不会再有了，父亲亦垂垂老矣。

北京还有一道名菜，叫锅烧鸭，做法与此菜大同小异，是将治净的鸭子飞水以后，先卤后炸（小雏鸡体型较小，以酱油稍浸即可，就不用卤了），斩件拼成鸭形装盘上桌。至于这种烹饪技法为何命名为“锅烧”，我和少刚师傅研究了一下：估计是因为过去北京地区把烹饪技法中的使用烤炉的“烤”叫做“烧”，如烤鸭、烤乳猪称为“烧鸭子”“烧小猪”；而不使用烤炉，在锅中用油炸的方法模拟出烤的效果——色泽红润，皮脆肉烂——就被称为“锅烧”。这种推断是否合理，只有就教于方家了。

此文中梁先生回忆致美斋雅座的一段文字笔触典雅幽远而意味深长：“这个雅座非常清静。左右两个楼梯，由左梯上去正面第一个房间是我随侍先君经常占用的一间，窗户外面有一棵不知名的大树遮掩，树叶很大，风也萧萧，无风也萧萧，很有情调。”

“风也萧萧，无风也萧萧”——闲处着笔，淡墨渲染，潇洒蕴藉，摇曳生姿；故国乔木，麦秀黍离，望风怀想，能不依依？

注释 ✪

· 全色鸡鸭血汤 ·

此菜是用鸡鸭的血或加内脏水煮而成。具体做法是：将鸡鸭血切成小方丁，漂在冷水中备用；鸭肠洗净，入沸水锅烫一下，剪成段；肫、肝、心、卵洗净，分别放入沸水锅断生后切成片；鸡鸭血丁放入沸汤中煮开后改小火，让水保持似滚非滚；鸭肫、鸭肠、鸡心放入网眼筐中，入沸汤中烫热；水烧沸，加鸡、笋烧成鲜汤；所有食材一起倒入碗中，加盐、胡椒粉调味，浇以鲜汤，淋少许鸡油即可。(《上海老城隍庙小吃》)

· 烟台帮 ·

山东菜的风味流派之一，属鲁东风味中的胶东饮食特区。以烹制各种海鲜而著称，讲究清鲜，多用能保持原汁原味的烹调方法，如清蒸、清煮、扒、烧、炒等，甜菜多用挂霜的烹调方法。烟台帮重传统饮食，最早起源于福山，自然条件优越，物产资源丰富，再加上烟台、福山一带历来“酒风最盛”，“烟埠居民，宴会之风甚盛，酒楼饭馆林立市内，各家所制之菜均有所长，食者颇为满意”(《烟台概览》)。经过烹调大师们的多年研制，烟台菜已形成了独具一格的风味特色，成为众口称誉的胶东菜中的一支重要流派。清末以来形成的京、津为代表的京城胶东菜，被称为“京帮胶东菜”，受清宫御膳影响较大，制作考究，派场华丽，长于肉类、禽蛋及干货制作，对水陆八珍烹制尤有独到之处。而烟台、福山等地形成的本帮地方风味，被称为“本帮胶东菜”。本帮胶东菜以传统特色著称，长于海鲜制作，口味偏于清淡、平和，以鲜为主，脆嫩滑爽。此风味流派的名菜有：糟熘鱼片、熘虾仁、炸蛎黄、清蒸嘉吉鱼、葱烧海参、煎烹大虾、清炒腰花、红烧大蛤、油爆海螺、芙蓉干贝等。(《中国鲁菜文化》)

● 致美斋旧影

· 济南帮 ·

山东菜鲁中风味流派的代表，制作精细，历来讲究用汤。早在公元6世纪的《齐民要术》中就记载有煮骨汤以调味的情况，到后来发展成为用鸡、鸭、猪肘子煮汤，以鸡腿肉茸（称为“红哨”）、鸡脯肉茸（称为“白哨”）吊汤，制作出营养丰富、味鲜而醇的清汤，既可作汤菜，又作提鲜的调味料，成为济南帮风味的一大特色。菜品以清、鲜、脆、嫩著称，口味多以鲜咸为主，但其变化多端，也有酱香、咸酸、五香、酸辣等味型，擅长以葱调味，常见的烹调方法有炸、煎、㸆、扒、熘、爆、炒、焖、焯、烤、烧等，善于制作拔丝、蜜汁等甜菜。代表菜肴有清汤干贝鸡鸭腰、奶汤全家福、奶汤蒲菜、酱焖鳜鱼、油爆双脆、汤爆肚头、糖醋黄河鲤鱼、九转大肠、锅㸆豆腐等。（《中国烹饪百科全书》《中国鲁菜文化》）

· 致美斋 ·

北京著名饭馆，自清咸丰、同治年间开业至今已有近200年历史，最初是在前门外煤市街，只卖点心佐酒之品，所制之萝卜丝小饼及焖炉小烧饼皆绝佳。致美斋后来发展成为一家经营山东风味菜肴的饭馆，所处一个小小的庭院之内，实为一处悠闲享乐之所在。致美斋的菜品，历史最久、名声最响的当推“四做鱼”，另外就是“清炒虾仁”和“烩两鸡丝”。

如今的致美斋几经搬迁，落户于白广路。(《北京老字号》)

·《都门琐记》·

这是一部略述旧时京都古迹、器物、时尚、工商、饮食、市肆、庙会、会馆、戏曲等多方面内容的杂记。作者魏元旷（1856—1935），原名焕奎，字斯逸，江西南昌县人。光绪二十一年（1895）乙未骆成骧榜进士。历任刑部主事、民政部署高等审判厅推事。辛亥后归故里，应胡思敬约，校勘《豫章丛书》。其思想与胡思敬相近，于立宪派、洋务派概持异议，主张君主专制。其诗源出杜甫，沉郁苍凉，多蕴含因易代而忧闷之情。著有《潜园二十四种》本，内有《都门琐记》《都门怀旧记》《南宫旧事》《蕉盦随笔》等卷与北京风俗有关。(“百度百科”、《北平风俗类征》)

锅烧鸡

制法

原料：童子鸡，鸡杂（鸡心、鸡肝、鸡胗）

调料：盐，料酒，酱油，香油，醋，葱，姜，蒜，大料，淀粉

做法

① 整只童子鸡在酱油里略浸一下，下油锅炸至皮黄而脆，捞出控油；

② 鸡杂改刀切片；

③ 鸡肝、鸡心以盐、料酒、淀粉码味上浆，过油滑熟；

④ 鸡胗直接过油炸熟；

⑤ 锅下底油，煸炒大料、葱、姜，烹酱油、料酒，下入鸡汤，加盐调味；

⑥ 下入鸡杂，勾芡，淋少许香油，出锅装碗；

⑦ 上桌后，将炸好的鸡撕成条，鸡杂卤浇在鸡肉上即可。

梅子青葵口盘、白瓷菱花钵

梅子青葵口盘：色泽略深，以梅子青厚釉覆之，更显凝重端庄。宜装盛重色大菜。

白瓷菱花钵：白瓷素胎，钵沿出五分花棱，器形如绽放之山花，素洁雅致。装盛时可多留边沿，状如花蕊，以增食材美感。

溜黄菜

黄菜指鸡蛋。北平人常避免说蛋字，因为它不雅，我也不知为什么不雅。『木樨』（引者注：即桂花，这里以黄色的桂花代称炒熟的鸡蛋）、『芙蓉』（引者注：这里以白色的芙蓉花代称烹熟的鸡蛋清）、『鸡子儿』都是代用词。

…… ……

溜黄菜不是炒鸡蛋。北方馆子常用为一道外敬的菜。就如同『三不粘』『炸元宵』之类，作为是奉赠性质。……

溜黄菜是用猪油做的，要把鸡蛋黄制成糊状，故曰溜。蛋黄糊里加荸荠丁，表面洒一些清酱肉或火腿屑，用调羹舀来吃，色香味俱佳。……

我家里试做好几次溜黄菜都失败了，炒出来是一块块的，不成糊状。后来请教一位亲戚，承她指点，方得诀窍。原来蛋黄打过加水，还要再加芡粉（多加则稠少加则稀），入旺油锅中翻搅之即成。

——梁实秋《雅舍谈吃·溜黄菜》

这是鲁菜中处理多余蛋黄的另一种办法——我疑心早年间这是一道“敬菜”。关于“敬菜”，我在《口福》一书中曾有过如下描述：

> 老北京山东馆、河南馆都有“敬菜”的习惯，山东馆常用烩乌鱼蛋、三不粘作为“外敬”，河南馆则是一碗高汤。山东馆挂蛋清糊、蛋泡糊，上蛋清浆，制作软嫩的鱼、虾、鸡茸泥，乃至烹制以“芙蓉”命名的菜品，无论干贝、虾仁、海参、鸡片、排骨，无论蒸、炒、炸，都要消耗大量的鸡蛋清。所以厨房里永远有足量的“下脚料”——鸡蛋黄。山东人朴实憨厚，也会做生意，对长期照顾生意的主顾除了安排客人喜欢的菜品，通知后厨，认真烹制以外，还要特别“外敬”一两道本店的拿手菜——当然，自然是原料不贵，又有一定技术难度的菜品如三不粘者。店家惠而不费，客人吃了满意，也会报之以合理的小费。这样的礼尚往来，淳风厚俗，时下已经难得一见了。

“溜”字现在一般写作“熘”，是中餐的一种重要烹饪手法，有滑熘、焦熘、软熘之分，此菜属于软熘，与广东的名菜大良炒鲜奶有异曲同工之妙。

对一位合格的厨师来说，烹制此菜并不困难，只需注意：打蛋黄用的不是水，而是好汤；打蛋要用手工，严禁用食品加工机——转速太快，温度太高，会影响味道和口感；用素油亦可，但要用猪油才香；油温要适度，否则不够嫩滑。

这道菜妙在口感，既要入口有一定的质感，又要嫩如豆花，不能用筷子，只能用调羹取食。《中国鲁菜文化》形容“成菜软嫩似豆腐脑，能够自然颤动”，可称“得窍”。同书记载，此菜“以鸡蛋液和猪肉茸泥为主料”，我请教同和居的于晓波大师，他告诉我鸡蛋黄里可加少量海参丁。

鸡蛋竟有如此精致的吃法，在我接触餐饮业之前，也是难以想象的——因为从我记事开始，吃鸡蛋就是一个问题。

计划经济时期，城市居民买鸡蛋只能去一个叫作“副食店”的国营机构，出示一个叫“副食本”的重要证件（谓予不信，你把它弄丢了试试，保证比如今丢了护照、身份证、暂住证麻烦大得多——至少在补办成功之前，你们全家就没有办法买到肉、鱼、蛋、油、糖、芝麻酱，这个名单里是否还包含粉丝、粉条、香油、花椒、大料、黄花、木耳，我记不清了），按户口本的“人头儿”定量供应。我忘了北京地区每人每月可以买多少鸡蛋，反正肯定是不够吃的。

有没有“偷手儿”呢？还真有：

一是副食店偶尔会少量抛售搬运过程中磕破一点壳而尚未全碎的鸡蛋，北京人俗称“硌窝儿”——真心感谢上帝把鸡蛋设计成一种易碎品——买这种轻微的“坏蛋”不消耗政府有关部门（似乎是“第二商业局”）下赐的定量，所以会引发类似“苹果”新品上市抢购风潮的迷你版。家母每次买到之后都兴高采烈，回家必郑重宣告：“今天买到‘硌窝儿’了！”我就知道当天饭桌上必有炒鸡蛋——“坏蛋”不宜久存——常规搭配是葱花或韭菜，赶上时令，偶尔还会加入香椿——卷以烙饼，就小米粥，实在是香。

二是去“自由市场”（这是民间的叫法，其实就是黑市。20世纪70年代，我家住京郊房山县良乡镇，此种交易往往在镇北的一座桥上），拿粮票跟农民换。按当时的“政策”，此行为三重违法：“自由市场”根本不允许存在，农副产品也不许农民私下售卖而必须由供销社统一低价收购，倒卖粮票更是大罪一行——虽然不知道该归哪儿个衙门缉拿，我却有幸观摩过现场实操：买卖双方本来俱都忐忑，忽传神兵天降，顿时作鸟兽散；顺民畏法，走避不及被人“赃”俱获者，皆忍气吞声，不敢做太激烈的反抗，顶多拉扯两下而已；凭良心说，耳闻目睹，“青天白日，朗朗乾坤”，确实没有为这点儿事儿当街把人打死的；“赃”肯定是没收，其后是否流入副食店，成为计划供应的内容，则不得而知（20世纪80年代，终于允许私人经商，小商小贩受到欺压，间或也敢抗拒、理论了，时代真是进步！）。

三是干脆自己养鸡。我家在京郊的时候多次试验，惜乎天不佑下民，事先预备妥了鸡瘟和黄鼠狼，成功率始终不高。

不图终于盼来“新政”，副食本被取缔了！鸡蛋敞开买卖。谁又想得到呢？鸡也“其命维新”起来——城里超市的鸡蛋（也包括鸡本身）从此没有味道垂三十年之久。时至今日，有人送我柴鸡蛋，我一定千恩万谢，感激涕零。

不知道梁先生是真的不知道还是装傻，北京话里很多与生殖有关的词和骂人的脏话往往含有“蛋”字——如“浑蛋”“王八蛋”“赶紧滚蛋”之类，所以餐饮业讳言此字以示对客人的尊重，乃至“祸延”鸡蛋，如此而已，岂有他哉？

注释 ✪

・熘・

将烹制好的熘汁浇淋在预熟好的主料上，或把主料投入熘汁中快速翻拌均匀成菜的烹调方法。又称溜。适用于新鲜的鸡、鸭、鱼、肉、蛋，以及质脆鲜嫩的蔬菜等原料。主料一般加工成块、片、丝、条、丁等形状，或用整只（如鱼）。常用过油、汽蒸、焯水等法做初步熟处理，多旺火加热，快速操作，以保持主料酥脆或滑软或鲜嫩等的口感特点。

熘法由南北朝时期的“白菹”和“臆鱼”法演化而来。宋元时期的“醋鱼”为后来的熘法奠定了操作基础。明清时期始称“搂”或“熘”，如醋搂鱼（《随园食单》）、醋熘鱼（《调鼎集》）等。在风味上，明代以前大都以酒、酱、醋为主要调味料；明代以后出现酸咸、香糟、糖醋等风味。在操作方法上，近代以来出现了滑熘、焦熘、软熘等各种熘法的操作工序和调味方法，形成了不同的风味特点。

熘法一般分为三个步骤，先使主料成熟，再制作熘汁，最后将主料与熘汁混合在一起。因使用传热介质、调味料、浆、糊、汁以及成菜口感的不同，可分为焦熘、滑熘、软熘等方法。焦熘，又称脆熘，是将主料码味后挂糊，下油锅炸至外部酥脆、内部软嫩，再把烹制的熘汁浇淋在主料上，或与主料一起迅速翻拌均匀成菜的方法。如河南的焦熘鱼、四川脆皮瓦块鱼、江苏松鼠黄鱼、广东糖醋咕噜肉等。

滑熘，是将主料上浆后以温油或沸水滑透，再与熘汁一起翻拌成菜的方法。其成菜滑嫩鲜香，如河南滑熘鱼片、山东滑熘里脊、四川熘鸡肝、江苏熘桃仁鸡卷等。

软熘，其主料有固体状（如鱼等）和流体状（如蛋液、鸡茸泥、鱼茸泥等）

● 三不粘

两种，直接在温油中浸炸，或蒸、烫、氽、煮至熟，根据不同菜肴的要求，或将烹制的熘汁与主料翻拌在一起，或浇淋在主料上面而成菜的方法。无论使用何种初步熟处理方法，都需保持主料软嫩如豆腐的特点，如浙江西湖醋鱼、河南软熘鲤鱼、内蒙古软熘鱼茸牛蹄筋等。

此外，熘法根据烹制时使用调味料的不同，习惯上还有醋熘、糖醋熘、糟熘等称法。（《中国烹饪百科全书》）

· 三不粘 ·

北京传统名菜。以鸡蛋黄为主料，配以白糖、绿豆淀粉、熟猪油，炒制而成。因成菜一不粘盘、二不粘匙、三不粘牙，清爽利口，故名。特点是颜色黄艳润泽，呈软稠的流体状，似糕非糕，似粥非粥，入口绵软柔润，滋味香甜。一说由河南菜“桂花蛋”演变而来，是北京“同和居”保留名菜。

此菜虽然用料简单，但制作技术难度很高，一要掌握好火候，火大火小都炒不成功；二要一边搅炒，一边淋油，不可间断，须四五百下方可炒成。（《中国烹饪百科全书》《北京传统文化便览》）

· 同和居 ·

开业于清道光二年（1822），是当年京城闻名的“八大居”（即同和居、砂锅居、泰丰居、万福居、福兴居、阳春居、东兴居、广和居八家饭馆）之一。该店的“三不粘”“潘鱼”“粉皮辣鱼”“四生火锅”“油爆双脆”“扒鲍鱼龙须”“锅熘鳜鱼”“兰花银耳”“鲜贝鸽蛋”“油爆鱿鱼卷”“烩乌鱼蛋”“烩生鸡丝”“香酥鹌鹑”等风味名菜，均为顾客交口称道。其中“潘鱼”一菜，在北京历史上曾与“任菜”（即“赛螃蟹”，为任氏所创）、“江豆腐”（由丁丑翰林江树昀所创）齐名。此菜由同治十年（1871）进士潘炳年发明，取“鱼”“羊”为“鲜”之意，以煮羊肉之汤烧鱼，确实醇厚鲜美，故名之曰“潘鱼”。据民俗学家金受申先生记载，此菜“用整尾鲤鱼折成两段，蒸成以后，煎以清汤，汤如高汤色，并不加其他作料。鱼皮光整，折口仿佛可以密合，但鱼肉极烂，汤极鲜美”。

同和居饭庄原址在西四南大街，现迁至西城区三里河月坛南街继续营业。（《北京老字号》）

溜黄菜

制法

原料：鸡蛋黄，马蹄

辅料：熟瘦火腿，鸡汤

调料：盐，淀粉

做法

① 火腿切末备用；

② 蛋黄液加盐，用鸡汤澥开，拌入拍碎的马蹄，再加少许淀粉打匀；

③ 炒锅下底油，待油温三成热时，将打匀的蛋黄液下锅，慢慢推炒，使其成豆腐脑状；

④ 出锅装盘，撒上火腿末即可。

注 推炒鸡蛋时，一定不可使之结块，而是要成为表面不太光滑的豆腐脑状。

白瓷铁绘盘

白瓷为胎，酱色铁绘花蔓翻卷，又以宽边收沿，热烈奔放而不失规矩。器形舒展、器底收窄。盛装菜肴当留意色泽呼应。

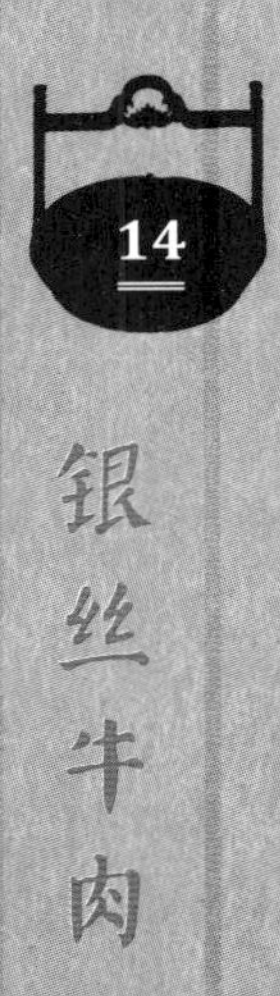

14

银丝牛肉

笔者最欣赏春华楼的『银丝牛肉』，肉丝切得特细，而且不像广东菜馆，因为求其肉嫩，把牛肉又拍又打，外加小苏打，嫩则嫩矣，可是原味全失。人家春华楼的银丝牛肉，全凭刀工火候，嫩而有味，同时垫底的银丝，炸得也恰到好处，绝不会有炸得太焦，炸得不透，塞牙碍齿的情形。到春华楼而不点『银丝牛肉』者，可以说虚此行矣。

——唐鲁孙《中国吃·吃在北平》

不知为什么，如今的中餐厨师喜欢在菜单中加上牛排。上到“国宴”，下到普通餐馆，都会有牛排、牛仔骨之类的菜品端上餐桌，而且一样难吃。

在欧美国家，牛排是一道大菜，请客吃牛排是很隆重的事情。但是，就像“生鱼片”不是简单地把生鱼切片一样，牛排也不是把牛肉烤熟、扒熟就算成功——西餐有一整套关于食用牛排的文化体系，从牛的产地、品种、饲养、屠宰到肉的熟成、部位选择、“醒”肉、烹制、成熟度把握、肉汁回流，乃至调味汁、配菜、装盘、配酒，都有种种讲究，要求十分严格。中餐厨师如果真的有志于学，那就应该踏踏实实地学会这套手艺，然后再考虑如何在中餐烹饪中借鉴。而不是像现在的一些餐厅那样，装模作样地问客人要几成熟，其实早就用苏打粉、嫩肉粉将不知来自何方的牛肉腌制许久了，无论怎么烧，都绝不会老硬，只是完全失去了正经牛排固有的鲜香和牛肉纤维的质感，变成一种类似于胶皮的玩意儿，尽管加入大量黑椒或炸蒜片掩盖，还是能吃出苦涩或碱味。

我平生吃牛排，有三次极致享受。

一次是2002年春节去意大利旅行。黄昏时候，在佛罗伦萨一条古老僻静小巷里的一间牛排馆——小门脸儿毫不起眼，炉中炭热肉香，座上客满酒红。佛罗伦萨 Chianina（契安尼娜）牛排素负盛名，一点就是1公斤，双人份；一位胖厨娘抬上洗脸盆大小的一粗陶盘T骨牛排，当场切成大块，撒上胡椒、盐，挤上柠檬汁。没人问我们要几成熟，火候却恰到好处，而且无论生熟，都是柔嫩鲜甜，香气扑鼻，附骨的筋膜尤其香韧美味；调料也烘云托月，使人只觉肉味，不觉咸、辣、酸；配菜是橄榄油浸的朝鲜蓟之类，要一瓶托斯卡纳土产的 Chianti Classico（经典勤地）红酒，转眼之间酒肴俱尽，连呼痛快！

同年夏天，到法国考察葡萄酒。勃艮第葡萄酒协会在一间乡村小馆儿请吃晚饭，装修、盘饰俱朴实简单，事先并没有特别介绍，我们也没做功课，牛排一入口就觉得与众不同，说不出的美妙动人，一问方知是当地土产、称雄法兰西的 Charollais（夏洛莉）牛排，配上勃艮第红酒，想不好吃都难，远胜我在一些惺惺作态随便拍什么怎么拍都上镜、吃完饭谁胃里难受谁知道的米其林三星餐厅吃过的大餐。

我的朋友汪卫义 2008 年在北京开了一间小小料亭——花传美浓吉，有一年买来当年日本冠军牛的霜降牛肉请我尝新，料理手法无非烤和刺身两种。肉中的脂肪含量超高，无论烤得火候多嫩，也难免有部分脂肪融化，人口总觉得油腻；刺身则精彩无比——瘦肉的纤维与脂肪非常均匀地混合，难解难分，细腻润滑得无法形容，几乎不用咀嚼，几秒之内，整块肉就在口中化为汁液，味道鲜美而富于奶油的醇香，对口腔完全是一种性感的撩拨。

用国产牛排，中餐手法同样能料理出美味——老友王小明出身华侨大厦，专攻鲁菜，如今是太伟高尔夫俱乐部的副总，他居然把北京的酱牛肉和潮州卤水结合，用老汤卤制内蒙古草原的牛肋排，佐以芥末酱或朝天椒酱油汁，滋味之美不逊西餐。

中餐解决牛肉纤维粗老的问题有不少独到的手段，选肉的部位、切肉时刀和纤维之间的角度、上浆、滑油、急火爆炒，都能使其嫩滑爽口，何必用苏打粉、嫩肉粉破坏牛肉的美味呢？

读原文，以为“垫底的银丝”无非装饰而已，吃过之后才知道这点儿炸粉丝非常重要，不仅调剂颜色，而且与牛肉丝同时入口，口感的酥脆与滑嫩相配合，能产生一种特殊的味觉效果。

注释 ✪

· 银丝 ·

以粉丝炸制而成。粉丝是鲁菜中常用的主配原料，以绿豆制作的粉丝为最好，产于山东龙口者最为著名。据《招远县志》记载，龙口粉丝已有 300 多年的生产历史，山东招远县、黄县、掖县、栖霞、蓬莱等地出产的最为著名。其特点是纤细柔韧，白亮透明，食用时不论油炸、炖煮、热烹、凉拌，均润滑可口。(《中国鲁菜文化》)

· Chianina 牛 ·

意大利名牌牛的代表性品种，中文译作“契安尼娜牛”(又作“奎宁牛”)。此种牛在意大利中部的古都佛罗伦萨非常受重视，每到复活节，都能看到用草花装饰的 Chianina 牛拖着神桥在市区游行的光景。该牛种原产于意大利中西部契安尼娜山谷，原本是役用品种，后兼作肉牛品种，现在改良为肉专用种。因其环境适应性强，因此除意大利、英国之外，美国、加拿大也有饲育。Chianina 牛的毛是美丽的白色，鼻、眼的周围，角、蹄的尖端是黑色。公牛从颈到肩可以看到模糊的灰色。母牛的体重约 900 公斤，在欧洲的品种中属最大号，但因其骨粗，肉的比例并不高。此种牛肉脂肪含量少而较硬，肌肉纤维稍粗。佛罗伦萨的名菜 Bistecca Alla Fiorentina (佛罗伦萨式 T 骨牛排)，自 200 多年前就开始使用本种。1991 年设立的 Bistecca Alla Fiorentina 协会，规定正统的佛罗伦萨式 T 骨牛排是“把契安尼娜牛的 T 骨牛排所用部位吊挂 5—6 日后使用”，介于小牛与成牛之间的牛被认为最美味。(《大师级牛肉料理大全》)

● 契安尼娜牛

· Charollais 牛 ·

在法国被视为最高级的肉牛，中文译作“夏洛莉牛”，是在法国中部勃艮第的夏洛莉地方饲育的法国最古老的品种，原本是役牛，也做乳用和肉用，现在已改良为肉专用种。此种牛发育早又强健，冬天在牛舍吃饲料，春秋则在草原放牧。能适应各种自然环境，因此在欧洲以及美国、加拿大、俄罗斯、澳大利亚、新西兰等地均有饲育。此外，也用来生产杂交牛。该牛毛色是带奶油色的白色，鼻与蹄是黑色，有角，头小，身体长。母牛的体重在700公斤—800公斤，属于大型，各部位的肌肉非常发达。肉质是脂肪附着少、没有分布霜降肉的美丽瘦肉，有嚼劲，且越嚼越香。（《大师级牛肉料理大全》）

· 霜降牛肉 ·

喂食谷物等大量饲料对黑毛和种或褐毛和种进行育肥时，在肌肉内会形成脂肪分布交错的状态，变成大理石花纹的肉，这种特别的肉质就是所谓的“霜降肉”。而另外两个和牛的品种：日本短角和种与无角和种，无论怎样喂食大量饲料，都是不可能出现霜降肉的。在日本的牛肉等级上，霜降肉的分布方式也是评价项目之一，成为高级肉的必备条件。

所谓和牛就是指用来做役牛的日本本地牛和外来牛种交配，改良成肉用牛的日本牛种。占和牛 95% 的黑毛和种，母牛的体重约有 450 公斤左右，有角，有黑褐色的毛。现在在日本各地饲育的所谓“神户牛”“松阪牛”“前泽牛”等，很多都是黑毛和种。

日本人喜欢软嫩的牛肉，把和牛霜降肉视为极品，珍而重之。这种嗜好是自明治维新解禁肉食后，牛肉火锅热潮长期培育出来的——霜降肉最适合用来烹调牛肉锅，如“寿喜烧”。(《大师级牛肉料理大全》)

银丝牛肉

制法

原料：牛里脊

辅料：粉丝，蛋清，鸡汤

调料：蚝油，盐，糖，料酒，老抽，葱姜水，淀粉

做法

① 牛里脊切丝，加蛋清、淀粉上浆；

② 炒锅放油烧至七成热，粉丝下锅炸脆捞出，控油，放入盘中；

③ 把浆好的牛肉丝下入温油滑熟；

④ 鸡汤加入盐、糖、胡椒粉、老抽、水淀粉，调成碗儿芡；

⑤ 炒锅留底油，烧热，放入蚝油煸炒，下牛肉丝、碗儿芡翻炒均匀，盛在炸好的粉丝上。

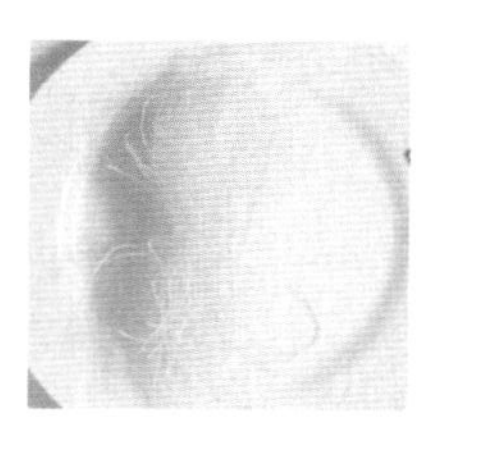

注 牛里脊须横向切丝，即下刀时刀口与肌肉纤维垂直。

柴烧陶平盘

器底装饰白化妆土以遮盖胎色，留出边沿寸许，自成装饰。以松柴长时间烧制，色泽自然，质感淳朴。可用于少油食材——陶器沾油腻较难清洗。

15 桂花皮炸

地安门外的庆和堂，算是北城最有名的饭庄子了。他的主顾多半是住在北城王公府邸的，所以他家的堂倌都经过特别训练 应对进退都各有一手。他的拿手菜叫『桂花皮炸』（读如『渣』），说穿了其实就是炸肉皮。不过，他们所用的猪肉皮都是精选猪脊背上三寸宽的一条，首先毛要拔得干干净净，然后用花生油炸到起泡，捞出沥干，晒透，放在瓷坛里密封；下衬石灰防潮及湿，等到第二年就可以用了。做菜时，先把皮炸用温水洗净，再用高汤或鸡汤泡软，切细丝下锅，加作料武火一炒，鸡蛋打碎往上一浇，洒上火腿末一搂起锅，就是桂花皮炸。松软肉头，香不腻口，没吃过的人，真猜不出是什么东西炒的。

这个菜可以说是地地道道北平菜，台北地区开了那么多北方馆，您要是点一个桂花皮炸，跑堂的可能就抓瞎啦。

——唐鲁孙《中国吃·吃在北平》

所谓“桂花”，指的是菜里的炒鸡蛋，金黄如桂花；就像木樨肉中也有炒蛋，却以桂花的学名——“木樨”名之。中餐菜品命名往往有此象征性的方法，如“霸王别姬”之类，并不贴切，有时候真能让人半天猜不出来，似雅实俗，其实是一件无趣的事情。

“皮炸”，南京人叫“皮肚”，影影绰绰，躲躲闪闪；我家干脆叫“假鱼肚”——父亲生长沪滨，不知道这是不是上海人的叫法——之所以有此“雅号”，是因为在一些需要点缀少许鱼肚的菜品，如全家福、砂锅什锦、什锦火锅里面，可以用它来假充鱼肚。正经以鱼肚为主料的菜就不能这么干了——红烧鱼肚、黄焖鱼肚、蟹黄鱼肚，您给上一盘炸肉皮，搁哪儿也说不过去呀！

此菜关键在肉皮的油发，控制火候，尤见功夫。处理不好，要么尚未发开，表面已经焦煳；要么发得不均匀，有的地方软，有的地方硬；要么整体不够松软，一吃就是肉皮，怎么也不像鱼肚。我家自己发制，也不是永远成功。

计划经济时期，肉皮算是一种非常解馋的食材，就是现在北京人还喜欢吃肉皮冻、豆儿酱。我家冬天把猪蹄切块，加黄豆、盐、绍酒、姜、少量水，白煮至稀烂，分装若干小碗，放室外窗台上，使之凝固；黄豆与猪蹄是天作之合，一同炖煮能产生特殊的鲜香味，根本不用加味精，早晨以之佐热粥，皮脆豆酥，冻凝羊脂，比普通肉皮冻好吃太多，今日思之，依旧令人垂涎。

肉皮冻的另一种吃法是掺入肉馅，包小笼包、蒸饺、汤包，使之蒸熟后内含醇厚的汤汁。这也有将就和讲究两种做法：将就的办法是煮过之后，连皮一起冻好，用绞肉机绞烂，即可；讲究起来就麻烦了——要将皮上的脂肪完全削去，毛根也要收拾干净，煮好后，弃去肉皮再冻，以免过分肥腻。馅心也有说法：绞馅不如剁馅；葱姜要切碎浸泡成葱姜水，和入馅中，这样才不会有姜的辣味和葱的臭味；秋天最好掺入蟹粉，如能只用蟹黄或蟹膏就更妙了；春天没有河蟹，可用活皮皮虾的黄和肉代替，另是一种风味。

后来有机会结识淮扬名厨薛大磊，他请我吃的汤包格外美味，打听窍门，原来除了上述几点之外，肉皮还不能煮，而是加好汤蒸，以减少溶入汤中的脂肪，制成的皮冻接近透明，包成汤包自然腴而能爽，大有味外之味了。

此菜原料极其廉宜，而加工过程繁复，我名之曰“粗料细作”；入口有特别的滋味，相形之下，做法类似的炒桂花翅倒显得俗气了。

注释 ✪

· 庆和堂 ·

旧京后门（地安门）四大饭庄（隆丰堂、庆和堂、德丰堂和庆云楼）之一，位于白米斜街，光绪八年（1882）开业，后移至地安门大街路西，专做内务府（清代管理皇家的财产、收入、饮食、器用、织造、玩好、娱乐、各项日常生活琐事、各种有关礼仪乃至内廷防卫、执法、工程、园囿、教育等事务的衙门，设有七司、三院和数十个大小机构，总管大臣由皇帝在满洲大臣内特简，职官由镶黄、正黄、正白三旗包衣充任）司官买卖。清代，内务府最阔，内廷一切购置需要，都由内务府各司各库各处承办，经手银钱不可数计，虽内务府大臣称"包衣按班"（满语音译，直译即"家奴的总管"），但实不可小瞧他们，司官下值大都要到庆和堂聚会，商量公私事项。（此说与唐鲁孙所记"庆和堂主顾多是北城王公府邸"不同，未知孰是。）（《北京通》）

· 饭庄子 ·

民国初年，北京六九城无论哪一类铺户，只要向京师警察厅领张开业执照，就可以挑上幌子，正式开张大吉了。当时够得上叫饭馆子的，最盛时约莫有九百多户，接近一千家。

说到北平的饭馆子，大都可分为三类，第一种是饭庄子。所谓饭庄子，全有宽大的院落，上有油漆整洁的铅铁大罩棚，另外还得有几所跨院，最讲究的还有楼台亭阁，曲径通幽的小花园，能让客人诗酒流连，乐而忘返；正厅必定还有一座富丽堂皇的戏台，那是专供主顾们唱堂会戏用的。这种庄馆，在前清，各衙门每逢封印、开印、春卮、团拜、年节修禊，以及红白喜事、做寿庆典，大半都在饭庄子里举行，一开席就是百把来桌。

● 庆和堂旧影

北平的饭馆子以成桌筵席跟小酌为主；虽然也应外烩，但几十上百桌的酒席，就很少接了。北平最有名的饭馆子要数“东兴楼”。

最后再谈第三种专卖小吃（此处的“小吃”指相对于宴会包桌而言的零点菜肴，与现今通行的“小吃”概念不同）、不办酒席的小饭馆跟二荤铺。在科举时代，每逢大比之年，赴京应科考的举子，一般有钱的公子哥儿大半都是带足了盘川的。南方举子对于纯粹北方口味，一时是没法子适应的。于是带一点江浙口味的，像“祯元馆”“致美斋”这类小饭馆，就应运而生了。（唐鲁孙《中国吃·吃在北平》）

· 豆儿酱 ·

豆儿酱是北京价廉而普遍的年菜。一到腊月底，家家户户做豆儿酱。先将猪皮用开水烫泡，刮净残毛和污物，下锅煮一下捞出晾凉，片去肉皮里面的肥肉，切成条；锅内添清水，加葱、姜、蒜、花椒、大料煮烂，边煮边撇出浮沫和浮油，汁浓时拣出佐料，滗出原汤；煮好的猪皮切丁；胡萝卜洗净，切丁；豆腐干切丁，均为一厘米见方；水发黄豆一碗；备齐后，一起放在滚开的原汤里煮熟，加盐和老抽，调味调色，倒入深碗中或瓷盆内，冷却后撇去上层白色浮油，将盖子盖严，置于屋角或院中阴凉处。到了三十儿晚上，豆儿酱早已凝结成冻，从碗里盛出一部分，用刀切后放在盘里，浇上辣椒油、酱油、醋、香油，撒上蒜末食用。（《中华膳海》，2014 年第 2 期《食品与健康》）

· 炸咯馇盒儿 ·

炸咯馇盒儿是北京传统清真小吃。做法是：先用石碾子把上好的绿豆碾开用水浸泡去皮，然后用石磨磨成浆，再在铁板上摊成薄皮，就和现在的摊煎饼差不多，最后把香菜用盐爆腌一下切成末，撒在皮上卷起来，用刀切成斜段儿，油炸。出锅后，闻起来香气四溢，吃起来咸鲜酥脆，可下酒，还可汆汤。（《中国少数民族文化大辞典》）

· 霸王别姬 ·

江苏名菜，用甲鱼与鸡蒸炖而成。甲鱼俗称“鳖”，鸡与“姬”谐音。徐州厨师借用西楚霸王别虞姬之典故，以谐音命名此菜。此菜在安徽、江苏、鲁西南一带颇流行。做法即取光鸡一只，焯水洗净；取甲鱼一只，宰杀洗净，将甲鱼肉和甲鱼蛋一起焯水后捞出；甲鱼肉用布搌去水，撒少许干淀粉；将鸡茸与甲鱼蛋放入甲鱼腹中，盖上壳，恢复甲鱼形；将鸡、鳖背朝上，头朝相反方向放入套瓷钵中；舀入鸡清汤，加姜、葱、料酒、精盐后加盖上笼蒸至酥烂取出；去掉葱、姜，加入冬笋片、水发冬菇、熟火腿、青菜心，再蒸 2 分钟即成。（《中国烹饪百科全书》）

桂花皮炸

制法

原料：干猪皮

辅料：鸡蛋，熟火腿，鸡汤

调料：盐，淀粉

做法

① 干猪皮油发，入水泡软；

② 冲净猪皮表面油分，切丝；

③ 猪皮丝放入调好味的浓鸡汤中浸泡；

④ 取火腿瘦肉切末；

⑤ 鸡蛋打散下油锅滑炒；

⑥ 取出猪皮丝，控去水分，用干布吸干；

⑦ 猪皮丝和炒鸡蛋，加盐调味，烹少许料酒，翻炒均匀；

⑧ 装盘，撒上火腿末即可。

天目釉钵

瓷胎覆黑天目釉，深黑中渐显酱红暖色。加之拉坯手纹隐现，静中有动。适宜装盛清浅色泽菜肴。

16

炸响铃双汁

聚贤堂拿手菜是『炸响铃双汁』。北平人虽然不讲究吃明炉乳猪，但是盒子铺天天都卖脆皮炉肉的，逢到郊天祭祖，更有用烤小猪祭祀的。响铃就是把烤好小猪的脆皮回锅再炸，就叫『炸响铃』。自从有了屠宰税，在北平想吃一回烤小猪，那麻烦可大了。这儿缴捐，那儿纳税，填表领证，跑东跑西，闹了个人仰马翻，还不一定准能吃到嘴，谁能为了吃，惹那么多麻烦呀！再加上年头不景气，大家都没有闲情在吃上动脑筋了，可是如果在聚贤堂摆席请客，还能吃得着炸响铃。因为西单大街有一家酱肘子铺，叫『天福』的，外带肉杠，生意做出了名，每天都要烤几方炉肉卖。当然不时碰到了薄皮仔猪，聚贤堂跟『天福』街里街坊，做了多少年买卖，红白寿庆还过堂客（有喜庆事内眷往来叫过堂客），交往深厚。有炸响铃这道菜，就是从『天福』匀来炉肉炸的，加上甜咸勾汁双浇，慢慢就成了聚贤堂的门面菜了。如果拿来下酒，比起炸龙虾片的虚无缥缈，似乎有些咬劲，耐于咀嚼。

——唐鲁孙《中国吃·吃在北平》

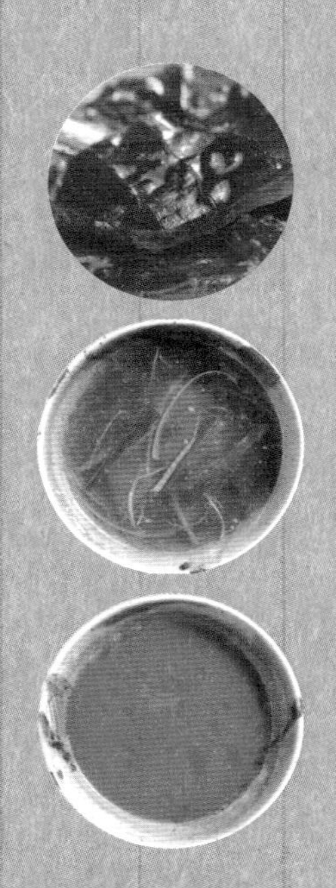

这道菜卖的是一个酥脆而结实的口感。

中餐对口感的重视和相关技法的繁复细腻远胜其他国家的料理。其中的“脆”（包括酥脆、爽脆）和“嫩”（包括软嫩、滑嫩），一阳一阴，正是口感的两种极致，两者或特立独行，或阴阳互补，组合之多无穷无尽，变化之妙难以言传。笔者见识浅陋，试着举例如下：

纯粹以嫩取胜的菜品：炒豆腐脑、芙蓉鸡片。

纯粹以脆取胜的菜品：老醋蛰头、炸响铃、焦熘肉片。

脆嫩相配的菜品：滑熘里脊（辅料是黄瓜片）。

外脆里嫩的：烤鸭、干炸小丸子、炸烹大虾、拔丝葡萄。

里外皆脆的：拔丝苹果。

脆嫩一体的：油爆肚仁、爆炒腰花、醋烹掐菜、鸡汤氽海蚌。

最后一种“脆嫩一体”的情况最为玄妙，尤以急火爆炒的菜品为中餐所独有，对火候要求极高，在旺火、热锅、热油的情形下，利用中厨特有的炒锅的抛物面将锅中食材高高抛起再落下，迅速反复几次，尚未全熟，即可出锅，此种技法形成的口感之美非语言所能形容，食客如鱼饮水，冷暖自知，其他任何国家的任何热菜都难以窥其堂奥，堪称中餐最高境界之一。

想产生“嫩”的口感，办法很简单，就是使食材中保有足够的水分，只要从选料到烹饪的过程中利用各种技法——去除纤维粗老的部分、上浆、挂糊、高温快速熟成、温油滑熘——保护好食材饱含水分的细胞，甚至可以直接把水分“打”入馅料，入口自然产生滑嫩、细嫩、软嫩、脆嫩的美妙触觉。

“脆”的情况就显得复杂一些，一种与“嫩”一样，源于食材纤维的细嫩和其中的水分；还有一种使本来不脆的食材变脆的办法，是在一定温度下用油充分置换食材中的水分，几乎使水分消失，再使油尽量析出，形成酥脆的口感；第三种是使本来含水量很低的食材膨化，中间产生很多微小的空隙，也能使之变脆（如银丝牛肉中的炸粉丝）；第四种是将饴糖浆刷在肉皮表面，晾干后烤制，利用焦糖化反应，使肉皮上色并变得酥脆（如烤鸭、烤乳猪）；第五种是加热白糖，使之溶化后重新结晶，并在食材表面形成松脆的薄壳（如拔丝）。

具体到这道菜又反映了中餐一个重要手法，我称之为“锦上添花法”——炉肉皮中的水分已经挥发，焦糖化反应已经完成，趁热食之，已经足够酥脆了，还要晾凉之后以热油再炸；与之类似的烹饪理念，如头汤再用鸡胸肉泥扫三次（使汤变清的同时再次增加鲜味），佛跳墙汇参肚鲍翅于一坛（以浓厚醇鲜配浓厚醇鲜），茄鲞中使用鸡油、鸡汤、鸡丁（使茄子有鸡的鲜香味），如此，无非是反复强调，把菜肴的某一特点推向极致，使之产生一种纯粹之美。

注释 ✪

· 鸡汤汆海蚌 ·

福建传统名菜。以海鲜蚌尖为主料，切片先汆后再用沸鸡汤调味沏冲而成。特点是色泽洁白透明，质嫩味鲜，初尝之时，海蚌、鸡汤味各有别，待细品缓呷时，二味融为一体，愈益鲜美。首先，将海蚌两片壳的连接处撬开，蚌尖切片，蚌裙切开，洗净；蚌尖、蚌裙放在漏勺内，入沸水烫至五成熟，取出；剔去蚌膜，用绍兴酒拌匀，再加鸡汤稍浸后捞出，滗去汤汁，分放在碗中；鸡肉、牛肉、猪里脊肉，加入清水，上笼旺火蒸3小时，去肉取汤；将鸡脯肉剁成馅，加适量鸡血和精盐，捏成几个小球，与鸡汤下锅煮5分钟，捞出鸡茸球，倒入剩余的鸡血搅拌，去杂质；再将鸡汤倒入盆中，放进鸡茸球，上笼蒸1小时取出，用纱布过滤成鸡清汤。吊好的鸡清汤煮开，加入盐调味；将煮开的鸡清汤和装有蚌肉的碗一起上桌，把鸡汤徐徐淋在蚌肉上，现汆现吃。（《中国烹饪百科全书》）

· 茄鲞 ·

红楼菜。见《红楼梦》第四十一回《贾宝玉品茶栊翠庵　刘姥姥醉卧怡红院》。做法是："你把才下来的茄子，把皮刨了，只要净肉，切成碎丁子，用鸡油炸了，再用鸡脯子合香菌、新笋、蘑菇、五香豆腐干子、各色干果子，都切成丁儿，拿鸡汤煨干了，拿香油一收，外加糟油一拌，盛在瓷罐子里，封严了；要吃的时候儿，拿出来，用炒的鸡瓜子一拌，就是了。"（《红楼梦》）

· 天福号 ·

北京著名老字号，以酱肘酱肉闻名，开业于清乾隆三年（1738）。崇彝（姓

天福号旧影

巴鲁特，蒙古族，字泉孙，号巽庵，别署选学斋主人。清末官户部文选司郎中）在《道咸以来朝野杂记》中记载：“西单有酱肘铺名天福斋（即天福号）者，至精。其肉既烂而味醇，其他肉食类必备，与其他诸肆不同，历年盖百余矣。”

早年，该店位于西长安街西口北面拐角处（马路东），在它门前稍北一点，即是“瞻云坊牌楼”（西单牌楼）。其酱肉、酱肘子之所以能为人称道，皆因独创的烧制绝技及严格的选料标准——专门精选 100 多斤重的京东黑毛猪的前后臀尖或五花肉，皮薄肉嫩，绝不含糊。制作时把生猪肉、肘子等收拾干净，先搁在锅里煮，再用文火焖，五六个小时后出锅，用钩子搭出来，放在大白瓷盘里，再浇上浓醇的酱汁，制成后清香熟烂，肥肉不腻，瘦肉不柴，颜色红里透紫，色、香、味俱佳。天福号的酱鸡也很有名，还可以按猪的不同部位，做出二十多种特味酱肉。

天福号于 1969 年被迫停产停业，1979 年才恢复。（《北京老字号》）

· 聚贤堂 ·

清末民初北京的著名“老山东馆”，属可做喜庆寿诞招待之所的大饭庄子。与之齐名的还有“聚寿堂”“燕寿堂”“同兴堂”“同和堂”“天寿堂”“惠丰堂”等，均属京城高级饭庄。这些饭庄的建筑特色几乎是共同的，都有着宽阔的庭院、幽静的房间，房间内悬挂着名人字画，家具陈设也是古色古香，饭庄配置的碗、筷、勺、盘、茶具等都是成桌成套、式样统一、气派不凡。此外，还设有戏台，可在大摆筵席的同时唱戏、说书。(《北京老字号》)

注 炉肉皮蒸后再炸，才能使口感酥脆。

炸响铃双汁

制法

原料：炉肉

调料：盐，番茄酱，白糖，米醋，酱油，料酒，葱，姜，蒜，淀粉

做法

① 炉肉蒸软，将炉肉皮取下，改刀成菱形片；
② 炉肉皮下入八成热的油锅炸至酥脆，出锅装盘；
③ 制作糖醋汁：炒锅下底油煸炒少许番茄酱，加水，放入葱姜碎、盐、米醋、白糖，调味，勾芡装碟；
④ 制作红烧汁：葱、姜、蒜放入小碗，加入酱油、盐、米醋、料酒、胡椒粉、淀粉，调制碗儿芡，炒锅下底油，待五成热下入碗儿芡，翻炒装碟；
⑤ 两种料碟与主菜一起上桌。

青白瓷刻云纹铁斑盘、灰釉铁绘小碟、灰釉绘青花小碟

青白瓷刻云纹铁斑盘：白瓷胎，青白釉。刻流云纹，间有铁绘斑点。一掌可握，佐餐菜肴，装盛灵便。

灰釉铁绘小碟：瓷胎覆自然草灰釉，釉下绘花卉纹。器形小，可用于盛放蘸料等。

灰釉绘青花小碟：釉下绘青花花卉纹，器形小，可用于盛放蘸料等。

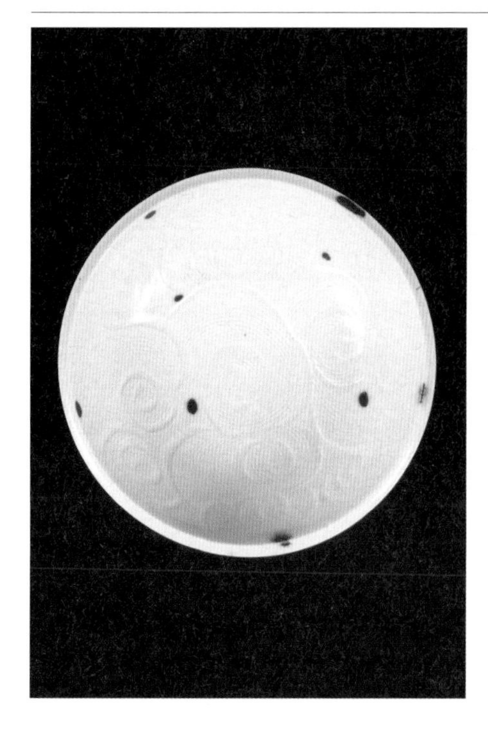

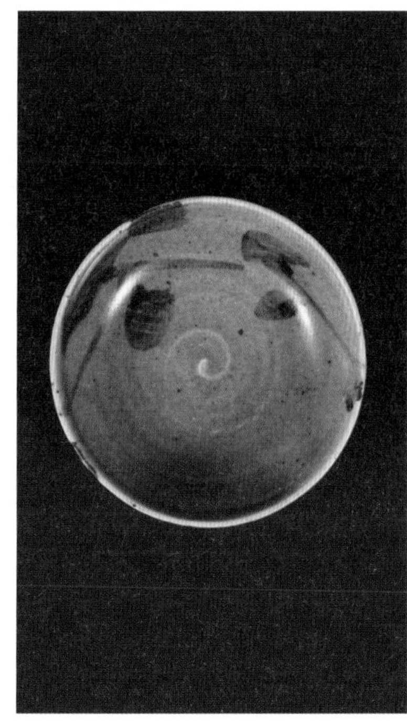

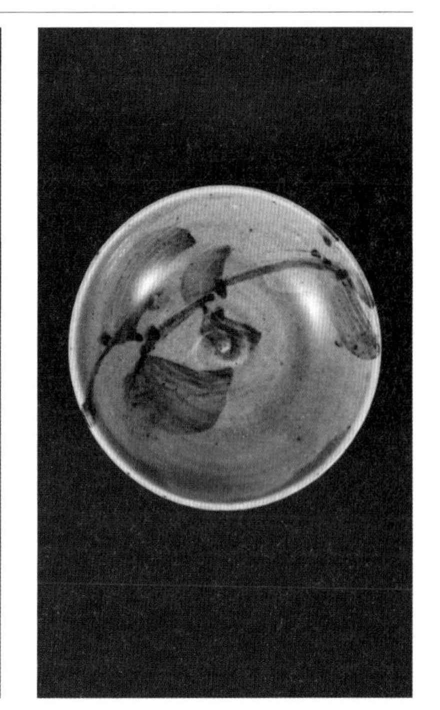

17

核桃腰

偶临某小馆，见菜牌上有核桃腰一味，当时一惊，因为我想起厚德福名菜之一的核桃腰。由于好奇，点来尝尝。原来是一盘炸腰花，拌上一些炸核桃仁。软炸腰花当然是很好吃的一样菜，如果炸的火候合适。炸核桃仁当然也很好吃，即使不是甜的也很可口。但是核桃仁与腰花杂放在一个盘子里则似很勉强。一软一脆，颇不调和。

厚德福的核桃腰，不是核桃与腰合一炉而治之，这个名称只是说明这个腰子的做法与众不同，吃起来有核桃滋味或有吃核桃的感觉。腰子切成长方形的小块，要相当厚，表面上纵横划纹，下油锅炸，火候必须适当，油要热而不沸，炸到变黄，取出蘸花椒盐吃，不软不硬，咀嚼中有异感，此之谓核桃腰。

——梁实秋《雅舍谈吃·核桃腰》

豫菜这些年并不时兴，好不容易找到一本收录此菜的菜谱，而烹饪技法的关键点语焉不详：

> 炸核桃腰是传统的刀工、火工兼备之菜。首先是解，须立刀解十字花刀，如若刀法不精，深浅不一，便是失败。其次是炸，油温、火候须恰到好处，稍有闪失，非生即老。二者结合得好，腰块缩卷成圆形，刀口绽开，成核桃状，故名核桃腰。此菜虽说简单，但无灶前十年功夫，请勿试之，否则那猪腰子不是在盘中出血，便是老得无味，也无椒香诱人、脆嫩利口之效果。(《中国豫菜》)

《中国烹调技法集成》也收录了此菜，将之归入软炸一类，要挂蛋泡糊（可试试拍干淀粉），配以核桃仁，间隔复炸（正确的技法应为“清炸”，如炸胗肝、炸八块法，只炸一次；如不好掌握，也可试试“干炸”，即离火浸炸），正中了梁先生的“埋伏”，错把“冯京”当“马凉”了；但书中提出腰花要事先用盐、酒、葱、姜码味（腌制时间不能太长），还是有道理的。

现在的人可能想象不到，民国年间，河南菜曾经辉煌过相当一个时期，而厚德福就当时而言堪称规模巨大的豫菜重镇，分号遍及全国十几个城市。关于“厚德福的简史”，梁先生有相当的发言权，因为他的祖父是这家历史名店的股东：

> 北平前门外大栅栏中间路北有一个窄窄的小胡同，走进去不远就走到底，迎面是一家军衣庄，靠右手一座小门儿，上面高悬一面扎着红绸的黑底金字招牌“厚德福饭庄”。看起来真是不起眼，局促在一个小巷底，没去过的人还是不易找到。找到了之后看那门口里面黑不隆咚的，还是有些不敢进去。里面楼上楼下各有两三个雅座，另外

三五个散座，那座楼梯又陡又窄，险峻难攀。……

厚德福饭庄地方虽然逼仄，名气不小，是当时惟一老牌的河南馆子。本是烟馆，所以一直保存那些短炕，附带着卖些点心之类，后来实行烟禁，就改为饭馆了。掌柜的陈莲堂是开封人，很有一把手艺，能制道地的河南菜。时值袁世凯当国，河南人士弹冠相庆之下，厚德福的声誉因之鹊起。嗣后生意日盛，但是风水关系，老址绝不迁移，而且不换装修，一副古老简陋的样子数十年不变。为了扩充营业，先后在北平的城南游艺园、沈阳、长春、黑龙江、西安、青岛、上海、香港、重庆、北碚等处开设分号。陈掌柜手下高徒，一个个的派赴各地分号掌勺。(《雅舍谈吃·铁锅蛋》)

诗云："天若有情天亦老，人间正道是沧桑。"老掌柜陈莲堂不是不乐意搬家吗？他做梦也想不到后来的厚德福居然"化身"孟母，一共三迁。

一位北京餐饮业的老人告诉我，厚德福被认为与国民党机关有特殊关系，1949年后就歇业了（未能查到相关档案，聊存此说，待考）。北京厚德福1962年在月坛南街重张，更名"河南饭庄"。我家1977年迁居月坛南街，步行到河南饭庄不过五分钟的路程，全家偶尔会去打打牙祭。记得店开在街北，一座红砖楼的二层，往西不远是贵阳饭店（即现在的同和居）。吃过的菜只记得一个什锦暖锅，其余都忘记了，反正没有什么特色。1988年，又搬到南礼士路公园附近路东一座新建的"现代化"小楼里，恢复了厚德福的字号；不知何时，厚德福变成了烤肉宛，至今依然。大约2000年以后，德胜门内大街南口路东的几间门脸房，一度又挂出厚德福的字号，我去尝过，还是"西望长安"——不见佳；果然，没过多长时间，就变成峨嵋酒家的分号——厚德福之迹遂绝。

注释 ✪

· 厚德福 ·

始创于清光绪二十八年（1902），地址设在繁华的前门外大栅栏内，专营河南风味菜肴，向以做工精细、味道纯正、菜式不落俗套、特色鲜明而著称，尤其擅长烹制鹿筋、猴头菇等珍贵菜品。该店的河南风味美馔，曾在河南被列为“官府菜”。据厚德福的老师傅介绍，光绪二十八年厚德福创业之初，全国各地曾有七家分号，可谓“一时之盛”。

民国十五年（1926），《北京晨报》介绍：“京中豫菜馆之著名者为大栅栏之厚德福。”名菜有：两做鱼、瓦块鱼焙面、红烧淡菜、黄喉天梯、鱿鱼卷、鱿鱼丝、拆骨肉、核桃腰子、酥鱼、酥海带、风干鸡等；自制枣泥、豆沙、玫瑰、火腿月饼“味极佳”。

该店的“看家菜”铁锅蛋，又称“铁碗烧鸡蛋”，是用鸡蛋、虾仁、海参丁等为原料，用特制的铁碗烹制而成，其成品味鲜、质嫩、香艳可口、风味独特。另外，该酒楼不少菜肴都是以河南历史人物或者某个传说、典故命名。如“司马怀府鸡”，因三国时期名人司马懿是河南怀府人而得名；“杜甫茅屋鸡”，以

● 厚德福旧影

河南籍大诗人杜甫及其名词《茅屋为秋风所破歌》而名之；“杞忧烘皮肘子”，则来源于“杞人忧天”的典故。

厚德福的“全盛”时期，在各地如昆明、兰州、西安、南京、上海、青岛、天津、哈尔滨、重庆等城市都开设了分号，名闻全国。（《北京老字号》）

· 花椒盐 ·

常用调味品。用花椒二两、盐一斤，同时下锅，炒至有香味时出锅，晾透碾碎即成。（《简明中国烹饪词典》）

· 河南菜 ·

又称豫菜，中国地方菜。原料以黄河中游盛产之鱼类及中原名贵畜、禽、蔬、果为主，名优的原料主要有大别山、桐柏山、伏牛山区的竹荪、木耳、鹿茸菜，平原河网地区的猪、牛、羊、鸡、鸭、鱼、蛋品，特别是南阳的黄牛、固始的黄鸡、黄河的鲤鱼、淇县一带的双脊鲫鱼等，这些原料为豫菜提供了雄厚的物质基础，也是构成豫菜特征的重要因素。豫菜的基本烹调技法有三十余种，尤以烧烤、扒、抓炒见长，历史上曾以“三大烤”（烤鸭、烤鱼、烤方肋）、“八大扒”（扒鱼翅、扒广肚、扒海参、扒肘子、葱扒鸡、扒素什锦、扒素鸽蛋、扒铃铛面筋）和“四大抓”（抓炒里脊、抓炒丸子、抓炒腰花、抓皮春卷）闻名全国。味型多样，以咸鲜为主，讲究盐味提百味，百味藏盐味，调必匀和、咸而不重、淡而不薄、滋味适中。代表菜肴有：糖醋软熘鲤鱼焙面、白扒鱼翅、牡丹燕菜、桂花皮丝、三鲜铁锅烤蛋等。（《中国烹饪百科全书》）

核桃腰

制法

原料：猪腰

调料：葱姜水，料酒，椒盐，淀粉

做法

① 猪腰剖开，去腰骚，剞十字花刀，再改成长方块；

② 冲净猪腰的血水，用葱姜水、盐、料酒略腌；

③ 将猪腰控净水，用干布吸去多余水分，裹上干淀粉，下入八成热油锅中，炸至九成熟，捞出；待油温回升至八成热，再将猪腰回锅复炸至外焦里嫩，捞出；

④ 装盘，蘸椒盐食用。

青瓷铁绘椭圆盘

以混合泥料（含一定氧化铁）覆以青瓷釉烧制。釉下绘铁绣花，赭色铁绘笔触流畅自然，只作呼应、铺垫，不影响食材摆放。

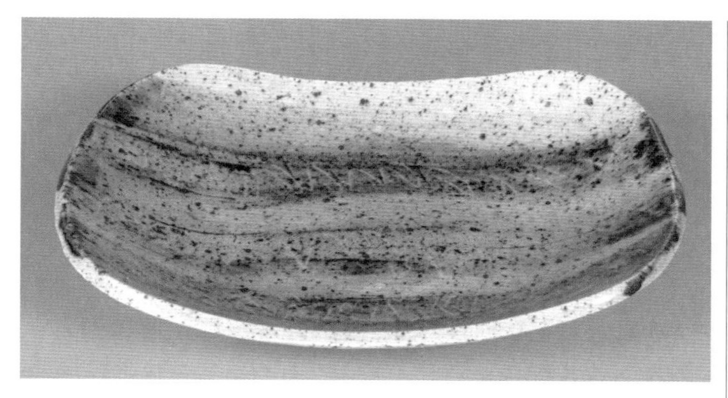

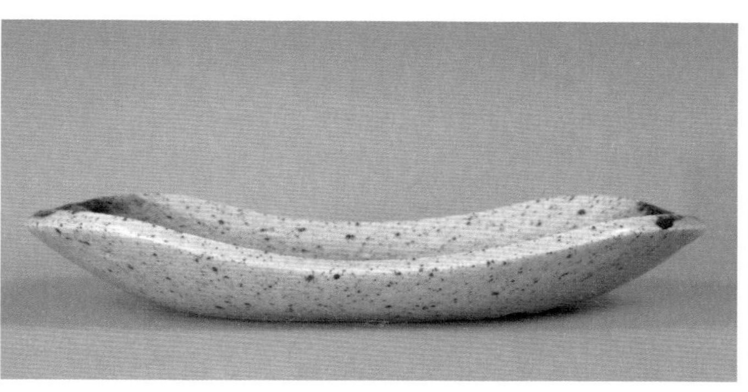

18

罗汉豆腐

厚德福有一道名菜，尝过的人不多，因为非有特殊关系或情形他们不肯做，做起来太麻烦，这就是『罗汉豆腐』。豆腐捣成泥，加芡粉以增其黏性，然后捏豆腐泥成小饼状，实以肉馅和捏汤团一般，下锅过油，再下锅红烧，辅以佐料。罗汉是断尽三界一切见思惑的圣者，焉肯吃外表豆腐而内含肉馅的丸子，称之为罗汉豆腐是有揶揄之意，而且也没有特殊的美味，和『佛跳墙』同是噱头而已。

——梁实秋《雅舍谈吃·豆腐》

梁先生是我素来敬重的前辈，无论在文学还是美食领域，于我皆有振聋发聩的启蒙之功。初读先生大作，诧为人间异品——既不歌颂也不批判，不用引申出远大的理想、深刻的思考，不需要批评与自我批评，不暗喻特别的意义，不努力感动自己也不费劲教育别人，只是平淡地叙事，描述日常的饮食生活就好——认真读甚至背过鲁迅、杨朔的我，才知道散文竟可以这样写，竟可以写这样的内容。

不过，先生对此菜的评价我却不敢苟同。

只看先生的文字，我也认为这道菜只是“噱头而已”，并“没有特殊的美味”，少刚师傅也有同感；谁知道“照葫芦画瓢”做出来一吃，才知道非常可口。有趣的是，好吃在哪里，以形容美食为职业的我一时竟也说不上来——原料、滋味俱都平常，做法只是麻烦并不出彩，正所谓“羚羊挂角，无迹可寻”，使人言语道断，只会连连举筷，越吃越香，并真心向发明此菜的前辈致敬——大象无形，大音希声，此之谓也。

豆腐，本身缺乏鲜美的滋味，而且不易入味，含水量高，烹制时容易破碎，如何使这样一种常见而重要的食材变得食之有味，是每个中餐厨师都必须解决的难题，在这个问题上各大菜系厨师皆有所长，手法有同有异，熘、炒、烹、炸、蒸、煮、焖、炖，各显身手——中餐豆腐菜品的丰富完全可以出一本厚厚的大书。

将豆腐用刀刃抹成泥（梁先生以为是“捣”，有误），过箩（网眼极细的筛子），再掺入高汤、蛋清、盐、淀粉乃至鸡泥子、虾泥子，搅拌均匀后塑成需要的形状，或蒸或炸，或烧或烩，制成菜品，是使豆腐入味的手法中比较高级的——同类菜肴，粤菜有林森豆腐（做法与罗汉豆腐相仿，只是易炸为煮）、琵琶豆腐，川菜有锅贴豆腐、烩荷包豆腐，湘菜有组庵豆腐，淮扬菜有莲蓬豆腐——这种做法的特点是辅料比主料贵出不少而外行吃不出来，操作麻烦，还不容易卖出好价钱，故常见于宴会，厚德福“非有特殊关系或情形”“不肯做”者，以此。

至于为什么用“罗汉”给菜肴命名，梁先生的解释可以算作一家之言；《中国烹饪百科全书》的“罗汉大虾”词条则给出了另一种解释：“（大虾）后半部分去壳酿馅油炸成酥香鲜嫩的金黄色虾段，外形凸起似坦腹大肚罗汉”；同书还收录了“罗汉菜心”，做法是用鸡泥子在菜心根部“酿成凸肚罗汉形状”；我吃过的广东“罗汉斋”也是用腐皮包裹什锦素料，做成稍扁的球形——这总不会也有“揶揄”的意思吧？

其实，上述所谓“罗汉”也是一个误会。十八罗汉并非个个皆胖，我以为这“袒腹大肚”的罗汉影射的其实是汉传佛教寺院第一重殿中供奉的弥勒佛，有趣的是现在流行的“大肚能容”“开口便笑”的弥勒佛形象也不是这位“未来佛”的“本来面目”，而是源于被认为是弥勒佛转世的五代时期的布袋和尚。当然，没必要胶柱鼓瑟，将上述名菜就此改名为“弥勒豆腐”“布袋大虾”，就让它们继续“罗汉”下去好了。

注释 ✪

· 林森豆腐 ·

传统粤菜。国民政府主席林森某年到桂林，吃过以桂林月牙山和尚制的豆腐做成的豆腐丸后，认为是前所未见的豆腐制作的佳品，自此豆腐丸便增身价，后被人称为“林森豆腐”。做法是：在猪肉碎中下调味料，加入鱼肉馅，循一方向大力搅拌至馅稠结有韧劲，放入冰箱内冷藏两小时以上，取出后用手沾水，将馅料搓成直径两厘米的小丸子，再入冰箱冷藏备用；置豆腐于布袋内，扎紧袋口，平放在茶盘上，用一大锅水压实豆腐包，使水分极尽流出，将豆腐倒至大碗中以木勺压碎，拌入蛋白、盐及淀粉，制成皮子；取一团豆腐，放在掌心压扁成圆形，中央加一个事先制好的小肉丸子，用豆腐将丸子包住捏实成汤丸形，如法做完为止；汤锅中加鸡汤，烧开，逐个放下豆腐丸，改为中火，烧至汤再开而豆腐丸浮至汤面，下盐调味，加入香油和胡椒粉，撒上香菜即可。(《古法粤菜新谱》)

· 组庵豆腐 ·

长沙传统名菜。为民国时期湖南都督谭延闿（字组庵）家厨曹敬臣创制，因谭喜食而得名，后曹于长沙坡子街开设“健乐园”，以“组庵”系列菜品应市而生意兴隆。抗日战争时期，国民政府主席林森由宁赴渝路经长沙，市商会左学谦即于“健乐园”设宴以“组庵”菜为其洗尘，因之声名更著。制法为：将嫩豆腐用净布包好，挤压去水，解开包布，去掉表面粗皮，过箩筛成细泥，放料酒、盐搅匀，倒入垫有白布的蒸笼内约蒸一小时，取出稍晾，切成方块，下冷水锅烧开捞出，复与鸡汤、盐、料酒再一道入锅烧开捞出，与葱结、姜、经水煮过的猪五花肉块和鸡肉、干贝汤、料酒等放入垫有底箅的砂锅，旺火烧开改用文火煨至酥香汁浓，加葱、姜、鸡肉、五花肉，加口蘑、盐、胡椒粉、

● 林森

酱油，收汁，装盘淋鸡油即成。成菜色泽淡红，柔软细腻，味美可口。(《湖湘文化大辞典·下卷》)

· 箩 ·

一种器具，将竹篾、铁丝等编成有许多小孔的网状物，固定在木框或竹框上，用来使细的粉末或流质漏下去，而让粗的粉末或渣滓留在网上。(《中国俗语大辞典》)

· 罗汉 ·

阿罗汉的略称，译自梵语 Arhat，亦译“阿罗诃”，意为“应供”，即当受众生供养。释迦牟尼的十种称号之一，也是小乘佛教修行四果位之最高果位。谓通过修行已尽断三界见修二惑，达到了杀贼（断除贪、嗔、痴等一切烦恼）、应供（应受人天供奉）、不生（永远进入涅槃，不再生死轮回）的修学顶端。(《辞海》)

佛教有十六罗汉、十八罗汉、五百罗汉之说法。十六罗汉，即十六位罗汉的总称。据玄奘译《法住记》，释迦牟尼曾令十六个形象各异的大阿罗汉常住人世，济度众生。

十八罗汉，即十八位罗汉的总称。由十六罗汉演变而来，最早可能来自绘画。在十六罗汉的基础上，加《法住记》的作者难提密多罗（庆友）为第十七，宾头卢尊者（为“宾度罗拔啰堕舍”的异称）为第十八；也有增迦叶和军徒钵叹；或加达摩多罗和布袋和尚；或加降龙和伏虎；中国西藏地区则加摩耶夫人和弥勒。

五百罗汉，其称大约始于唐末五代。《十诵律》和《法华经》中说他们即常随释迦听法的五百弟子。《十诵律》卷四：“今日世尊与五百罗汉入首波城。”《佛五百弟子自说本起经》却认为五百罗汉是参加迦叶主持第一次结集的五百弟子。还有的说五百罗汉是五百只大雁所化。“五百”本是虚拟之数，言其多而已，但到了南宋，高道素录江阴军《乾明院五百罗汉名号碑》时，将五百罗汉一一编上名号，于是，“五百”成了实数，“五百罗汉”也有了具体所指。（《佛教大辞典》《中华神秘文化辞典》）

· 弥勒佛 ·

译自梵语 Maitreya，意译“慈氏”。佛教大乘菩萨。《弥勒上生经》说他现住兜率天，《弥勒下生经》说他将从兜率天下生此凡界，在龙华树下继承释迦牟尼而成佛。弥勒出身于印度南部大婆罗门家庭，出身显贵，慈姓，名“阿逸多”，意思为“无能胜”。后入佛门，成为释迦牟尼的弟子，先于释迦入灭，升入佛国世界——兜率天，其有 32 相，80 种好。据佛教传说，释迦圆寂后 56 亿 70 万岁时，弥勒将降世人间，继承释迦佛位，广传佛法于人间。公元 5 世纪，无著所建立的大乘瑜伽行派学说，传说是出于弥勒的讲授。

中国寺院多供奉笑口常开的大肚弥勒塑像，实为五代时名为契此的和尚，俗称“布袋和尚”，传说系弥勒化身。（《辞海》《中华文化习俗辞典》）

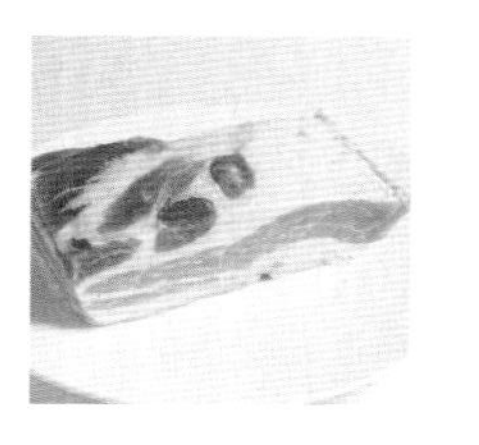

制法

原料：南豆腐，猪肉馅

辅料：油菜，鸡汤

调料：葱，姜，蛋清，香油，料酒，淀粉

做法

① 猪肉馅加葱姜末、盐、料酒、香油、鸡蛋、淀粉搅打；

② 豆腐磨成泥，控水，加淀粉、蛋清搅拌均匀，捏成小饼状；

③ 在豆腐小饼中间包入猪肉馅，制成豆腐丸子；

④ 将包了肉馅的豆腐丸子下入油锅，炸至金黄色捞出；

⑤ 以盐、鸡汤、料酒、酱油、葱姜水、淀粉一起调制碗汁，下油锅中炒制；

⑥ 将炸好的豆腐丸子下入炒好的料汁中，翻炒、装盘；

⑦ 围上事先炒好的鹦鹉菜心即可。

注

1 此菜需选用嫩豆腐；

2 炸制好的豆腐丸子下入炒好的汁料中，只翻炒均匀即可，不可烧，否则易碎。

罗汉豆腐

天目釉钵

瓷胎覆黑天目釉，深黑中渐显酱红暖色。加之拉坯手纹隐现，静中有动。适宜装盛清浅色泽菜肴。

19

炉肉丸子火锅

炉肉丸子火锅，这种火锅猪肉杠带盒子铺都有得卖，他们把每天卖不完的炉肉、猪肉剁巴剁巴做成丸子，过一下油。有人叫锅子，柜上的小利巴，不但管送，而且管收，还附送白肉汤一小罐，在抗战之前这样锅子七八毛钱足矣。一般住户，冬季临时有客人来家留饭，叫一个炉肉丸子火锅，自己再另外准备点儿白菜心、细粉丝、冻豆腐边煮边吃，宜饭宜酒，宾主也能乐和一番。

——唐鲁孙《什锦拼盘·岁寒围炉话火锅》

炉肉是北京传统的风味熟食，就像广州有烧味，上海有糟货，苏州有酱汁肉，炉肉在老北京的日常饮食生活中曾经占有重要的一席之地，上到宫廷膳房，下至市井庄馆、平民家厨，都会时不时飘出它的香味。

如今经商时兴炒作，颇有一些餐馆以宫廷菜为卖点，生意也兴隆，就是跟宫廷没半毛钱关系——当然，宫廷菜不等于美食——他们做的菜，乾隆、慈禧之流别说吃，连做梦都没梦见过。其实只要稍微翻一翻资料，就会发现炉肉倒正儿八经进过清宫的膳单。

很多人不识炉肉，经常误书、误读为“驴肉”，其实是猪肉。这玩意儿南京叫“烤方”，简单说，是挂炉烤或叉烤的大块猪五花肉。南京的吃法像吃烤乳猪，趁热片薄片，皮肉分吃，以甜面酱、葱、荷叶饼佐食。北京没有餐厅、家厨自制炉肉的，都是像买其他熟食一样去照顾盒子铺的生意，肉是提前烤好的。买回来自己片薄片，要求每片皆有皮有肉，再入馔，重新加热食用。名菜有炉肉海参、砂锅炉肉、炉肉熬白菜、炉肉火锅、炉肉丸子火锅。

此菜操作不难，只是如今炉肉比“御膳”还难找。丸子个儿要够大，小了不仅口感差，也不香。抟丸子时掺入的肉馅要剁，不能绞，不然口感会差很多；馅不能太瘦，不然不够嫩；馅里不能多加淀粉，不然会影响嫩度。

这道菜不是涮锅，而是暖锅——菜烧好后倾入火锅，盖盖儿，烧开，即可上桌食用。

如今一说吃火锅，多指涮锅，南方叫菊花锅、生片火锅；其实，中国火锅还有非常重要的一支：暖锅——下锅的食材不以生片为主，而多为已熟或半熟的成品，事先在火锅中码好，浇以高汤，开锅上桌，稍煮一会儿，即可取食——会享用这种吃法的人越来越少了。东北的酸菜白肉火锅就是暖锅，鲁孙先生在《岁寒围炉话火锅》中写道：

东北的习俗，无论贫富，除夕一定要吃火锅守岁。……东北的火锅以酸菜、白肉、血肠驰名……经霜的大白菜，用开水渍过了，不但去油，而且开胃。讲究的火锅，紫蟹银蚶、白鱼冷蟾，众香杂错，各致其美。从前北宁铁路局局长常荫槐最讲究吃这种东北式火锅，他又得交通运输上便利，所以，他冬季在北平请客吃火锅，什么白鱼、蟹腿、山鸡、蜊蝗、蛤士蟆、鱼翅、鹿脯、刺参，东北的珍怪远味，无所不备，加上薄如高丽纸的白肉、细如竹丝的酸菜，锅子开锅一掀锅盖，连二门外都闻到香味，凡是吃过的人，无不认为是火锅中极品。

什锦火锅又名一品锅，各地皆有，内容大同小异，也是常见的暖锅。鲁孙先生在同一篇文章中亦有记载：

> 什锦火锅，在酒席上来说是一种压桌的饭菜，一般人除非饭量特别好的动动筷子外，大多数的人在醉饱之余，顶多浅尝即止。普通什锦火锅无非是海参、白肉、蛋饺、鸡块、炉肉、虾仁、胗肝、肚片、粉条、白菜而已。有一次一位警界的朋友请我在北平后门的庆和堂吃便饭，要一个“统领火锅”……火锅是出了号的大锅，锅子里除了一般什锦火锅应有的一切外，还有鱼肚、鱼唇、干贝、翅根一类高级海味，比起江浙馆子的全家福还要来得细致。

所谓“统领火锅”其实是北洋时期步军统领王怀庆犒劳部下的加料一品锅而已。这种什锦火锅的简化版，如今北京同和居饭庄秋冬季节还有售卖，我每年至少去捧一回场，权当怀古。

吃炉肉丸子火锅最好选个下雪天，呼朋引类，支个锅子，室内热气蒸腾；喝入口如刀的烧酒，配花椒油拌苤蓝丝、糖醋心里美丝、炸饹馇盒儿、芥末堆儿，最后吃肉喝汤，高谈阔论，畅快淋漓，兴尽扶醉而归，门外雪深已经一尺——这一餐饭，足抵十年的尘梦了。

注释 ✪

· 酱汁肉 ·

江苏传统名菜，供应季节性较强，每年在清明前3—4天开始应市，直至立夏。制法是：将猪五花肉、蹄髈、猪脚分别洗净；猪五花肉切成100克左右的方块，连同蹄髈、猪脚一起焯水，再洗净；下入锅内，汤中加盐烧沸后，撇去浮沫；放入竹箅垫底，蹄髈、猪脚放在底层，然后放入方块肉，肉皮朝上依次排放，再加入葱结、姜片、八角、盐、绍酒（汤水量以淹没肉面为佳），用中火烧约1小时后，加糖色、红曲粉，再盖上锅盖，烧五分钟，用小火焖两小时至酥烂；下冰糖屑、白糖，待卤汁收稠时，锅离火口，取出酱汁肉（蹄、脚另用），皮朝上放在大瓷盘中。此菜色泽酱红光亮，肉肥烂入味而不腻，入口先甜后咸，香味浓郁，是昆山地方风味。（《中国江苏名菜大典》《中国菜谱·江苏》）

苏州的熟肉卤菜业历史悠久。据乾隆《吴县志》记载，北宋建隆元年（960），苏州已有熟肉店，及至明清已相当普遍。民国十二年（1923），朱枫隐在《饕餮家言》里记道："苏州从前有'陆蹄赵鸭方羊肉'之称。陆蹄，谓陆稿荐之酱蹄……"陆稿荐创于康熙二年（1663），本在东中市崇真宫桥堍，主人姓陆，顾震涛《吴门表隐附集》称"业有混名著名者"有"陆稿荐蹄子"。陆稿荐于光绪二十八年（1902）被枫桥人倪松坡租赁，将他在醋坊桥的熟食店易名为陆稿荐，后称大房陆稿荐，将西中市皋桥堍的本店改称老陆稿荐，并在临顿桥堍开设协兴肉店。民国时期，苏州以陆稿荐为牌名的有近二十家，唯有大房陆稿荐所制最为得法。旧时陆稿荐门口有四块市招，一是"五香酱肉"，二是"蜜汁酱鸭"，三是"酒焖汁肉"，四是"进呈糖蹄"。其中五香酱肉（即酱汁肉）相传从"东坡肉"演变而来，以咸甜相宜、软糯鲜香著称。（《姑苏食话》）

· 菊花锅 ·

涮锅的一种，见于江苏、上海、浙江、山东、湖南等地。又称生片锅、白滚、生锅。因涮制前先向锅中投入一把白菊花瓣，故名，现多已省去。因所备原料的数量不同，分为四生、六生、八生、十二生等。原料多为生品，如鱼，虾，猪的肉、肚、肝、腰，鸡鸭的肉、肫、肝，野鸡，野鸭，鱿鱼及贝类等，分别切片，配以粉丝、白菜、豆腐、菠菜、馓子等。所用炊具为一特制的铜锅，置于铜制镂花炉圈上，下为一有圆凹槽的铜盘，供贮酒精。使用时将锅置于桌中，点燃酒精，锅中下鸡汤、火腿、香菇、冬笋等烧沸，然后由食者夹取各料于锅内涮熟后，蘸调味料食用。其特点以清鲜为主。（《中国烹饪百科全书》）

· 盒子铺 ·

此本就是猪肉铺。除卖生猪肉外，兼卖用猪肉所做各样食品，并有鸡鸭原料。虽只此三样，但做的种类颇多。因冬天卖火锅，夏天卖盒子，所以名曰“盒子铺”。盒子铺者，用各样食品攒成一盘盛于一圆盒内故名，亦极美观，为吃春饼必需之品。（《北京三百六十行》）

北京城中熟肉铺亦称作盒子铺，最负盛名的熟肉铺有东华门大街上的金华楼、东四牌楼西边的普云楼、护国寺街上的仁和坊、西单牌楼的天福号。因为早年间这些熟肉铺出售的熟肉都是装在红漆盒子里给送到家里去，所以被称为“盒子菜”，而这些熟肉铺也就理所当然被称为“盒子铺”。（《北京传统文化便览》）

· 常荫槐（1876—1929）·

字汉湘，吉林梨树人。参加过第一次、第二次直奉战争，担任过奉系军阀交通司令等职务。1926年，任京奉铁路局长。后因反对东北易帜，被张学良枪杀。（《中国国民党全书·下》）

· 步军统领 ·

提督九门步军巡捕五营统领的简称，俗称“九门提督”，清代京官武职，民国北洋政府时期仍保留，负责京城守卫、稽查、门禁、巡夜、禁令、保甲、缉捕、审理案件、监禁人犯、发信号炮等要职，相当于北京卫戍司令兼警察局长。（《清史稿·职官志》）

· 王怀庆（1875—1953）·

字懋宣，河北宁晋人。天津武备学堂第二期毕业，曾参加中日甲午之战。后入袁世凯北洋常备军，曾任马队营管带。（《辛亥革命辞典》）

炉肉丸子火锅

制法

原料：猪五花肉，炉肉边角料，白菜，粉丝，鸡汤，蛋液

盐，酱油，香油，料酒，葱，姜，淀粉

做法

① 炉肉切碎，与猪肉馅拌在一起，加葱姜末、鸡蛋、酱油、料酒、香油、淀粉，搅打上劲；

② 将打好的肉馅挤成大丸子，下油锅炸成金黄色；

③ 炒锅放底油，煸炒大料、葱、姜，烹入酱油、料酒，再下入鸡汤；

④ 将炸过的丸子下入鸡汤锅里炖熟；下入白菜，开锅后下入粉丝，点香油出锅；

⑤ 将煮好的丸子白菜粉丝汤倒入火锅内，点酒精灯上桌。

注 丸子的个头不能过小，否则会影响其口感和香味。

20

烩三丁

南城外本来也有几个像样的大饭庄子，后来由于各式各样的饭馆子愈开愈多，同时要唱堂会有正乙祠、织云公所、江西会馆，比一般饭庄子又宽敞又豁亮，后来陆陆续续撑持不住，关门歇业，最后只剩下一个取灯胡同『同兴堂』。要不是梨园行鼎力支持，也早就垮台了。

…… ……

他家有一点一菜都很出名，菜是烩三丁，所谓『三丁』是火腿、海参、鸡丁。火腿不用说要选顶上中腰封；海参当然是用黑刺参，绝不会拿海茄子来充数；至于鸡丁，必须是带鸡皮的活肉，不能掺一点儿胸脯肉。因为用料选得精，再加上所有芡粉是藕粉加茯苓粉勾出来的，薄而不泻，因之吃到嘴里，没有发柴发木的感觉。

白石老人齐璜生前最欣赏他家的烩三丁，余叔岩收李少春为徒，在同兴堂谢卮，有齐老在座。特别推荐他家的烩三丁，经过大家品尝，全都赞不绝口，一连来了三碗烩三丁。彼时老人牙口已弱，独据一碗，以汁蘸馒头吃，一时传为美谭。后来文人墨客，凡是到同兴堂吃饭，都要叫个烩三丁来尝尝。

——唐鲁孙《中国吃·吃在北平》

此菜所用火腿要事先用淡盐水浸泡，以减咸味；海参要先用毛汤焯过，以去腥味；鸡丁要上浆，以保证嫩滑；火腿丁宜取纯瘦，要比海参丁、鸡丁个儿稍小、量略少；汤应为头汤；芡应是二流芡，至于勾芡用藕粉却不甚相宜——因其有一股特殊的芬芳，适合甜品，未必适合咸鲜口的菜肴，其实用烩乌鱼蛋的淀粉就很可以了，似乎不必过于雕琢。

唐先生在《打卤面》一文中提到，“有一次跟言菊朋昆仲在东兴楼小酌，言三（引者注：言菊朋行三，人称“言三”）点了一个烩三鲜，并且指明双卖用海碗盛，外带几个面皮儿，敢情他把东兴楼的烩三鲜拿来当混卤吃面”——我疑心这里的“烩三鲜”与“烩三丁”大同小异。

“三鲜”是中餐里一个常见的食材搭配的概念，有时也作“三丁”“三丝”，搭配并不固定，往往是在海参（过去都是干品，市场上有鲜品出售是很晚近的事）、鱿鱼干、虾仁（或海米）、火腿、鸡肉、香菇、竹笋（或笋干）中选择三种。其中海参、鱿鱼干、海米、香菇、笋干要事先发好；火腿要蒸熟，只取瘦肉；鸡肉有时也要煮熟；再根据需要分别改刀。虽说不固定，但也不能乱来，最好能兼顾海味、肉类，笋菇则必选其一，食材颜色也要岔开。

上述食材多数是易于运输、储存的干品，也是传统中餐厨房常备的辅料，负责砧板的师傅“手到擒来”，非常方便——如今则不然，海参是越来越贵，谁还舍得用来做俏头？鱿鱼多是鲜品，少见水发；虾仁则是冻货，事先还用不知什么化学原料泡过，怎么烧也不会缩水，吃起来完全没有虾的滋味；鸡皆为养了几十天就硕大无朋的工业产品，吃起来味同嚼蜡，颜色一律惨白；除了个别特例，火腿几乎退出了中餐厨房（倒是云南风味的餐馆还能吃到正宗的云腿，再有就是去西餐厅吃意大利、西班牙的火腿了），如果非用不可，则代之以西餐熟食火腿（简直是胡闹！）；除非去南方一些讲究的地方，北方餐厅别说是鲜笋，连笋干都不肯给客人吃，多数是罐头货色。

都说日本料理是“用眼睛吃的”——意谓其色彩、造型丰富、漂亮，于是有人对中餐进行“改良”，生吞活剥日餐，殊不知传统中餐本有一套自己独到的配色、造型美学体系，只是如今被偷工减料，浪掷闲抛，遗忘太久了。比如这道烩三丁，三款主料分别是深红、灰褐、浅黄，颜色配得何等俏丽啊，以浅米黄色的鸡汤一烩，醇鲜、滑润、肥嫩兼而有之，哪一点比日本料理逊色了？

面食的“三鲜”与热菜不同，如北京的三鲜烧麦，馅料是猪肉、海参、虾肉；扬州的三丁包子，馅料是鸡丁、肉丁、笋丁；北方常见的三鲜馅饺子里面应有虾仁、猪肉、鸡蛋、韭菜——明明是四种食材，哪种不在“三鲜”之内，我就不得而知了。

注释 ✪

· 同兴堂 ·

老北京的饭庄等级分明，这在字号上即可一目了然。庄多以“堂”名，馆多以“居”或“楼”名。其时“堂”字号饭庄属最高“级别”。从地理位置分布来看，这些堂字号饭庄也多集中在那时的京城繁华地区：“东四、西单、鼓楼前”及前门大街一带。

同兴堂就是其中一家，位于前门外取灯胡同，是一所四合院式的老饭庄，经营山东菜。设有戏台，以备在喜庆宴会时传戏班唱“堂会”。京剧界的红白喜事，常假座于此。后因故关闭。（《北京老字号》《中国京剧艺术百科全书》）

· 二流芡 ·

勾芡按芡汁浓度一般分为厚芡与薄芡两种。米汁芡和二流芡均属于薄芡，即勾芡后菜肴卤汁较为稀薄。二流芡又称玻璃芡，芡汁较稀，勾芡后可增加菜肴的光泽和滋味。（《中国烹饪百科全书》）

· 余叔岩（1890—1943）·

京剧老生表演艺术家。湖北罗田人。本名第祺，艺名“小小余三胜”。与马连良、高庆奎并称为京剧第三代的“老生三杰”。出生于京剧世家，清末著名老生余三胜之孙，著名花旦余紫云之子。幼秉家学，9岁从艺。曾向姚增禄学把子和武功，后拜谭鑫培为师，深得谭派精髓和神韵，并且逐渐发展，形成了自己的艺术风格，被称为“新谭派”或“余派”。其嗓音略带沙音，行腔刚柔相济，清冽爽脆而无丝毫凝滞，又结合出色的气息运用技巧，演唱时高音清越，低音苍劲，立音峭拔，脑后音雄浑，擞音圆润，颤音摇曳多姿。在唱腔和

● 余叔岩

唱法方面，于英武中蕴含深沉的书卷气，对于所扮演的人物有极好的表现能力，尤擅演唱苍凉悲壮的剧目。擅演剧目有《问樵闹府·打棍出箱》《王佐断臂》《搜孤救孤》《战樊城》《洪羊洞》《珠帘寨》《打侄上坟》《击鼓骂曹》《洗浮山》等。余派弟子主要有杨宝忠、吴彦衡、王少楼、谭富英、李少春、孟小冬等。(《表演辞典》)

· 李少春（1919—1975）·

京剧老生、武生表演艺术家。河北霸县人，李桂春（小达子）之子。7岁学戏，初从丁永利学武生戏，后从陈秀华学老生戏，打下了文武技艺的坚实功底。曾以一文一武双出的演法，轰动梨园界。定居北京后，师从余叔岩，同时从多方面专研杨（小楼）派艺术，博采众长，又有所创新，成为文武兼擅的演员。其唱工韵味纯正，行腔圆熟婉转、低沉回荡；念白跌宕有致、断续恰当，善于随人物思想情感而变化。代表剧目有《打金砖》《琼林宴》《野猪林》《将相和》《闹天宫》等。1949年以后又拜周信芳为师，还演出过一些现代戏。(《表演辞典》)

● 言菊朋

· 言菊朋（1890—1942）·

京剧表演艺术家，工老生。北京人，蒙古族，原名锡。祖父世袭清朝武官。幼时入陆军贵胄学堂读书，后曾任蒙藏院录士。少时酷爱谭鑫培艺术，每次谭演出必亲往观听，后从陈彦衡学谭派，又得红豆馆主（溥侗）、王瑶卿、钱金福、王长林等人教益。1916 年前后出入言乐社、春阳友会等票房，借台练戏，颇得声名。1923 年经人推荐代王凤卿随梅兰芳赴沪演出，从此成为专业演员。擅演《汾河湾》《战太平》《定军山》《击鼓骂曹》《捉放曹》《武家坡》《卖马》等“谭派”戏。后开始挑班，并整理演出谭派以外的剧目。他结合自己的嗓音条件，博采众家，独创新腔，逐渐形成自己的风格，世称“言派”。言菊朋出身官宦之家，文学修养颇深，兼擅书画，尤精音律，对“四声”的运用有深刻研究。他认为音韵、声腔是老生表演的重点，认为“腔由字生，字正而腔圆”。他的唱腔与念白力求字准句清，婉转跌宕，绝不倒字飘音，因而精巧细腻，韵味醇厚，特别善于表达人物愁苦哀怨之情。代表作有《让徐州》《卧龙吊孝》《骂王朗》《上天台》《白蟒台》《法场换子》《贺后骂殿》等。长子少朋，工老生；长女慧珠，工青衣、花旦，为“梅派”传人；弟子有张少楼等。（《表演辞典》《中国戏曲曲艺词典》）

注

1 主料切丁的大小比例，依鸡肉、海参、火腿顺序依次递减；

2 二流芡要不稠不稀，能托住原料。

烩三丁

制法

原料：海参，鸡腿肉，熟金华火腿

辅料：鸡汤，蛋清

调料：盐，黄酒，香油，淀粉

做法

① 海参、鸡腿肉、火腿改刀切丁；

② 鸡丁加蛋清、淀粉上浆，下入热水汆熟；

③ 海参、火腿丁飞水；

④ 锅中放入鸡清汤，下入海参丁、鸡肉丁和火腿丁，加盐调味；

⑤ 开锅后，加少许黄酒；

⑥ 打去浮沫，勾米汁芡；

⑦ 点香油出锅。

白瓷葵口小钵

白瓷素胎，覆以含铁极少的透明釉，经还原烧成，釉色微泛青绿。造型为直腹半敞口小钵，口沿作五棱花瓣。

21 烩乌鱼钱带割雏儿

东兴楼是数一数二的大馆子，做的是山东菜。山东菜大致分为两帮，一是烟台帮，一是济南帮，菜数作风不同。丰泽园明湖春等比较后起，属于济南帮。东兴楼是属于烟台帮。……别看东兴楼是大馆子，他们保存旧式作风，厨房临街，以木栅做窗，为的是便利一般的『口儿厨子』站在外面学两手儿。有手艺的人不怕人学，因为很难学到家。……东兴楼的菜以精致著名，调货好，选材精，规规矩矩。……烩乌鱼钱带割雏儿也是著名的。乌鱼钱又名乌鱼蛋，蛋字犯忌，故改为钱，实际是鱼的卵巢。割雏儿是山东话，鸡血的代名词，我问过许多山东朋友，都不知道这两个字如何写法，只是读如割雏儿。……东兴楼在抗战期间在日军高压之下停业，后来在帅府园易主重张，胜利后曾往尝试，则已面目全非，当年手艺不可再见。

——梁实秋《读〈中国吃〉》

川菜没有醋椒口一说，但是，它的酸辣味型也用盐、醋、胡椒粉调味，讲究“以咸味为基础，酸味为主体，辣味助风味”，热菜有酸辣海参、酸辣鱿鱼、酸辣虾羹汤、酸辣蛋花汤；有趣的是，冷菜如酸辣莴笋、酸辣萝卜丝，就改用红油或豆瓣而放弃胡椒了（《川菜烹饪事典·酸辣味型》）——遗憾的是，用胡椒调味的酸辣味川菜现在很少有人烹制了，似乎只有鲁菜还坚持一定数量的醋椒口菜品的制作，名菜有酸辣汤、醋椒鱼、侉炖鱼、山东海参，最常见的就是烩乌鱼钱，不过“带割雏儿”的做法在北京已经没人运用了。其实，以醋椒口烩鸡血、乌鱼钱，无论色泽、口感，还是味道，都极为妥帖，不要说吃，一看就知道是精巧别致的美食。

据金受申先生回忆：“近年来（指1938年至1945年之间）饭庄被新开饭馆夺去不少营业，……饭庄就因之多有停闭，北京庄馆肴馔各自不同，不能混淆，例如：‘烩乌鱼蛋’便是庄肴，‘烩割雏儿’便是馆肴，滋味相差不多，但不可庄馆颠倒，其重要可知了。近年来庄馆的界限，已然分不太清，真有到饭庄子要炸小丸子的，讲究谈不到了。”（《北京通·北京的行业·庄馆》）——“烩割雏儿”何以就比“烩乌鱼蛋”低档？金先生语焉不详，莫非是鸡血之类上不得正式宴会吗？

胡椒虽是舶来品，进入国人饮食生活却甚早。《中国食料史》认为：“《博物志》和《齐民要术》在记述胡椒酒、胡炮肉等胡人饮食时，都提到要使用胡椒，说明（魏晋南北朝时期）作为调料的胡椒已有成品进入中国。”自张骞通西域以来，从西域引进不少新的可食物种，汉晋时期传入的，有相当一部分命名时冠以“胡”字，如胡桃、胡麻（即芝麻）、胡豆（即蚕豆）、胡荽（即芫荽）、胡瓜（即黄瓜）——说胡椒也大体是这一时期引进的，应该比较靠谱。

关于胡椒，有个著名的故事：唐代宗时的宰相元载“恣为不法，侈僭无度”，“货贿公行”（见《旧唐书·元载传》）——用现在的话说就是“违法乱纪、生活腐化、道德败坏到了令人发指的程度”，还“公开受贿”，最后结局很惨，本人伏法之外，妻、子被赐死，祖、父母被掘墓剖棺。殊不可解的是，《新唐书》记载，从他家中居然抄出八百石（音“但”，古时的计量单位，作为容量单位，十斗为一石；作为重量单位，一百二十市斤为一石。这里指的不知是体积还是重量）胡椒，看来是被当作重要藏品了——当时还没有国产货色，将胡椒从印度运到长安确实所费不赀，固然值得珍视，可是一餐所用，毕竟有限，聚敛如此之多的高级调味品，等待抄没，不亦愚乎？——后世贪官奸佞严嵩、和珅者流就比元相公精明多了，懂得广蓄金宝珠玉、古董字画、良田美宅，不仅保值，而且实用，更方便钦差“奉旨查看家产”时节点数造册、上报定罪。

《水浒传》第三十七回《及时雨会神行太保　黑旋风展浪里白条》，宋江与戴宗、李逵在江州（今九江市）浔阳江边酒楼上饮酒，“心中欢喜，吃了几杯，忽然心里想要鱼辣汤，便问戴宗道：‘这里有好鲜鱼么？’戴宗笑道：‘兄长，你不见满江都是渔船？此间正是鱼米之乡，如何没有鲜鱼。’宋江道：‘得些辣鱼汤醒酒最好。’戴宗便唤酒保，教造三分加辣点红白鱼汤来”——余不学，只知道“三分”就是三份；至于何谓“点红”？就不得而知了；到底是白汤煮鱼还是白鱼煮汤，也闹不明白；后文张顺拿来的是“金色鲤鱼”，与前面店家用的是否同一种鱼，作者也没交代清楚。不过有一点可以确定：辣味的来源一定是胡椒——《水浒传》作者施耐庵一般认为是元末明初人，那时辣椒尚未传入中国呢，就更不要说宋江生活的北宋时候了。

宋江是山东人，喜欢以“辣鱼汤醒酒”，如果施耐庵不是杜撰的话，保守估计，鲁菜醋椒鱼的历史也已经有六七百年了。

注释

·《博物志》·

西晋张华撰，共十卷。约成书于西晋武帝泰始元年(265)至太康十年(289)。原书已散佚。张华(232—300)，字茂先，范阳方城(今河北涿州)人。本书为杂录各类遗闻逸说，考释神怪逸事及闾里记言的笔记。内容繁杂，分类中互有重见。有天文地理、山川河岳的记录，有各种历史人物的传说，有对奇异的草木虫鱼、飞禽走兽的描述，有怪诞的神仙方术记载，有许多关于古代神话故事材料，对研究传统文化有一定价值。对古代科学技术中有关天文、地理、物产、冶炼，以及养生、人类繁育等均有所涉及，但往往语焉不详，且夹杂在荒诞怪异的神话传说中。(《中华文明实录》)

·《齐民要术》·

北魏时期的农学著作，农学家贾思勰著，共十卷。该书总结了6世纪以前黄河中下游地区(也涉及南方)农业生产的实践经验，详细记载了农田耕作与管理(包括土壤改良、选种、换茬和轮作、施肥、灌溉等)、农作物栽培、畜牧、园艺以及酿酒业等方面的情况，着重记录农具构造和土质等方面的农业生产条件。在农学思想上也提出了许多精辟的见解，如强调农业生产要顺天时，量地利，把人力和各种客观条件结合起来；要掌握农作物生长的规律，合理经营农业等。这种试图从客观角度指导农业生产的思想，表明中国农学理论在6世纪左右就已经达到相当高度。该书是中国现存最早、最完整的农书。它不仅记载了当时的农业科学知识，而且大量引用古代农书，如《礼记·月令》《氾胜之书》《四民月令》《杂阴阳书》等，因而保存了若干已佚的古代文献。(《二十六史精要辞典》)

· 元载（？—777）·

唐凤翔岐山（今属陕西）人，字公辅。家本寒微，自幼好学，文思敏捷。肃宗时，累官至户部侍郎、度支使并诸道转运使，掌管国家财政，后拜同中书门下平章事，曾追征江淮多年欠赋，民间大困。代宗时任宰相，大历五年（770）与代宗密谋，诛杀宦官鱼朝恩。以为文武才略莫己若，结党营私，卖官纳贿，膏腴别墅，疆畛相望。后因权势太盛，获罪被杀。（《辞海》）

· 浔阳江 ·

指长江流经古浔阳县境一段，在今江西九江市北。《宋书 · 州郡志》寻阳太守：“寻阳本县名，因水名县，水南注江。”而江遂得浔阳之名。唐白居易《琵琶行》诗：“浔阳江头夜送客”，亦指此。《方舆纪要》卷八十五记载：浔阳江“在府城北，即大江也。自湖广广济、黄梅县南流，经此，东经湖口、彭蠡二县北而入江南宿松、望江二县界”。（《中国历史地名大辞典》）

烩乌鱼钱带割雏儿

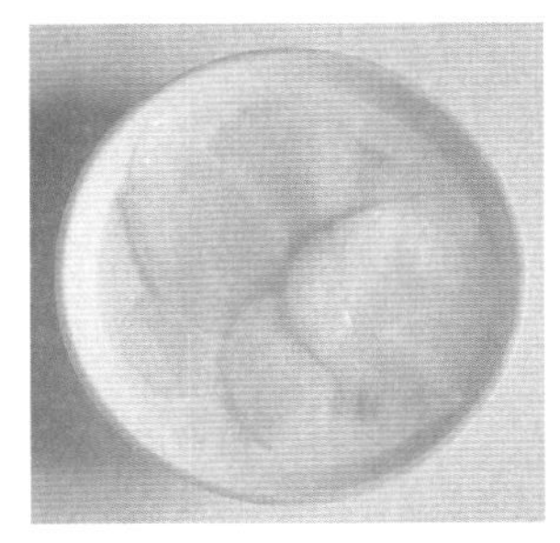

制法

原料：乌鱼蛋，鸡血豆腐

辅料：香菜，鸡汤

调料：盐，米醋，胡椒粉，香油，淀粉

做法

① 鸡血豆腐切薄片，再撕成小碎片；

② 盐渍乌鱼蛋用温水清洗处理，剥去脂皮，放入冷水中上火烧开，关火浸泡5—6小时。取出乌鱼蛋，一片片揭开，再放进冷水锅中上火烧至八成热时，换冷水再烧。如此反复几次，以去除其咸腥味；

③ 处理好的乌鱼蛋与鸡血豆腐片飞水；

④ 炒锅放鸡清汤，下入飞过水的乌鱼蛋和鸡血豆腐片；

⑤ 汤中加盐、胡椒、米醋调味；

⑥ 勾芡，点香油，出锅装碗，撒上香菜末即可。

注 香菜一定要选用梗切成末。

青白瓷铁绘敞口钵

白瓷为胎，酱色铁绘花蔓翻卷，又以宽边收沿，热烈奔放而不失规矩。器形舒展，器底收窄。盛装菜肴当留意色泽呼应。

22

氽大甲

在北平吃螃蟹唯一好去处是前门外肉市正阳楼。他家的蟹特大而肥，从天津运到北平的大批蟹，到车站开包，正阳楼先下手挑拣其中最肥大者，比普通摆在市场或摊贩手中者可以大一倍有余，我不知道他是怎样获得这一特权的。蟹到店中畜在大缸里，浇鸡蛋白催肥，一两天后才应客。我曾掀开缸盖看过，满缸的蛋白泡沫。食客每人一份小木槌小木垫，黄杨木制，旋床子定制的，小巧合用，敲敲打打，可免牙咬手剥之劳。我们因是老主顾，伙计送了我们好几副这样的工具。……在正阳楼吃蟹，每客一尖一团足矣，然后补上一碟烤羊肉夹烧饼而食之，酒足饭饱。别忘了要一碗氽大甲，这碗汤妙趣无穷，高汤一碗煮沸，投下剥好了的蟹螯七八块，立即起锅注在碗内，洒上芫荽末，胡椒粉和切碎了的回锅老油条。除了这一味氽大甲，没有任何别的羹汤可以压得住这一餐饭的阵脚。以蒸蟹始，以大甲汤终，前后照应，犹如一篇起承转合的文章。

——梁实秋《雅舍谈吃·蟹》

论起食蟹，北人不能不让南人出一头地，仅就中华绒螯蟹的蟹馔而言，品类也以苏、沪一带为胜，名菜甚多，异彩纷呈：上海菜有蟹粉蛤蜊羹、蟹膏熘银皮、油酱毛蟹、毛蟹炒年糕，淮扬菜有炒虾蟹、锅烧蟹、菊花蟹、炸蟹斗、芙蓉套蟹、蟹黄鱼皮、蟹粉鱼唇，南京菜有烤菊蟹、卷筒虾蟹、蟹粉烩胰白，苏州菜有秃黄油、雪花蟹斗、蟹粉裙边、软煎蟹合、汆蟹球、炒蟹球、薄炒蟹羹，其余如醉蟹、炒蟹粉、蟹粉豆腐、蟹粉扒菜心之类各处皆有，毫不稀奇；点心如蟹粉（蟹黄、蟹膏）小笼、蟹黄汤包、蟹粉烧麦、蟹黄烧饼、虾蟹两面黄、蟹肉馅大馄饨、蟹黄煮干丝，无不充肠适口，引人入胜。而我认为最权威的北京菜谱——《中国菜谱·北京》（中国财政经济出版社，1975 年版）只收录了区区三道蟹馔：清蒸蟹钳、白扒蟹油、芙蓉蟹黄，最后一道还依稀仿佛借鉴了南方做法。

幸亏有梁先生的大作，我们才知道北京还曾经有过这样一道经典的蟹馔。无论手法上的高汤汆，还是调味用胡椒粉、芫荽末，都极为富于鲁菜特色——要不要再加一点米醋以形成鲁菜标准的开胃解腻的醋椒口呢？不妨一试。

严格说来，螃蟹不同部位的味道是不同的，除去蟹膏、蟹黄，蟹肉中滋味最美的无疑是蟹螯，有人以为其肉之美似江瑶柱，丝丝缕缕，鲜甜而略带一点嚼头，以之汆汤，确属佳构。“除了这一味汆大甲，没有任何别的羹汤可以压得住这一餐饭的阵脚”——梁先生所言极是。

此菜惟一辅料——“切碎了的回锅老油条”，梁先生在另一篇文章《读〈中国吃〉》里又写作“回锅油炸麻花儿”，也不知正阳楼到底用的是哪一样——反正这两样东西都不容易得到，我们就斗胆用炸得酥脆的小排叉代替了。

民国年间的正阳楼是北京餐饮名店，鲁菜“八大楼”之一，尤以螃蟹、烤（涮）羊肉著称，仅举一例就可见该店的技术水准之一斑——东来顺的老板丁德山认为正阳楼切肉师傅的手艺高明，于是很下了一番功夫，先是交朋友，然后重金礼聘，把他“挖”到店里帮工、传艺——东来顺涮羊肉在北京的江湖地位就此确立。

注释 ✪

· 正阳楼 ·

开业于清道光二十三年（1843），位于前门外肉市街路东，是在北京经营涮羊肉和大螃蟹久负盛名的山东风味饭馆。

初时的正阳楼在北京是以经营烤羊肉而闻名的，据《都门琐记》中载："正阳楼以羊肉名，其烤羊肉置炉于庭，炽炭盈盆，加铁栅其上，切生羊肉片极薄，渍以诸料，以碟盛之。其炉可围十数人，各持碟踞炉旁，解衣盘碟，且烤且啖（吃），佐以烧酒，过者皆觉其香美。"1935 年印行的《旧都文物略》一书的"杂事略"中，在谈到生活状况时亦写道：北京人"饮食习惯，以羊为主，豕（猪）佐之，鱼又次焉。（每年）八九月间，'正阳楼'之烤羊肉，都人恒重视之。炽炭于盆，以铁丝罩覆之。切肉者为专门之技，传自山西人，其刀法快，而薄片方整，蘸醯（醋）酱而炙于火，馨香四溢。食者亦有姿势，一足立地，一足踏小木几，持箸（筷子）燎罩上，傍列酒尊，且炙且啖，往往一人啖至三十余柈（盘），柈各盛肉四两，其量亦可惊也"。描述了好一幅享受美味佳肴的图景。不过这两种资料所述均属旧时北京人吃烤肉时的"武吃"，而现在北京各饭馆吃烤肉时基本采用"文吃"，即由服务人员将烤制好的肉食装盘上桌。

另外，正阳楼的烤（涮）羊肉，还有一点是在京城别具一格：北京经营烤（涮）牛羊肉的餐馆、饭庄，历来以清真者居多，如众所周知的烤肉宛、东来顺、又一顺、西来顺等（当然其中三"顺"均创于民国初年，较晚），而正阳楼却系由汉族人所开，经营山东风味菜肴，是所谓"大教"馆子，所以在经营烤（涮）羊肉时，即可不受宗教的拘束，味道上与清真馆也有不同，受到"大教"人士欢迎。

除了烤（涮）羊肉，正阳楼也以螃蟹味美而著名。夏仁虎（1874—1963）撰《旧京琐记》记载："肉市之正阳楼，以善切羊肉名，片薄如纸，无一不完整。

蟹亦有名，蟹自胜芳（河北省地，以产蟹名）来，先经正阳楼之挑选始上市，故独佳，然价亦倍常。”其《旧京秋词》诗云：“经纶满腹亦寻常，同选双螯入正阳。笑尔横行何太早，尖团七八不逢霜。”诗注曰：“北方蟹早，曰‘七尖八团’。南方则曰‘九月团脐十月尖’，此南北之异也。旧京之蟹以正阳楼所售为美，较市价数倍，然俗习以不上正阳为耻。”

到了清末民初，前门外又添了“天和玉”“醉琼林”等，城内则有隆福寺的“福全馆”，以及后来居上的“东兴楼”等，形成了北京饮食业极为兴盛的时期。也正是在这个时期，正阳楼饭庄以经营螃蟹宴和鱼品菜肴誉满京城。经过百年变迁，1984 年，该店在停业三十多年后，于正阳门城楼角下的打磨厂重张开业。(《北京老字号》) 近年前门地区“改造”，西打磨厂店再次关张，如今只剩下位于天坛南门以西的正阳楼。

· 中华绒螯蟹 ·

中国产量最大的淡水蟹。由于生产水域不同，又有河蟹、江蟹、湖蟹之分。主产于长江流域，每年 9—11 月为生产旺季；其他如北到鸭绿江，南至珠江各水域均有所产。名品有：阳澄湖大闸蟹、汉川汈汊湖螃蟹、安徽清水大闸蟹、崇明螃蟹、炎亭江蟹、射江河蟹、赵北口蟹、胜芳蟹等。(《中国烹饪百科全书》)

· 汆 ·

即小型原料于沸水中快速致熟的烹调方法。又作川、爨、撺、熶等。汆法多用于制作汤菜，有的原汤供食，称汆汤，有的提换清汤上桌；也用于原料的初步熟处理。适用于动物性原料的如牛、羊、猪的肚头，鸡、鸭、鹅的肫、肝，仔鸡仔鸭的脯肉，海产贝类，以及畜、禽和鱼、虾肉的茸泥制品（如小丸子等）；

植物性原料如冬笋、鲜菇以及菜心等，均需新鲜的。汆制前，大形原料需切成丝、片或花刀块，利于快速成熟，并使成熟度一致。汆时一般不上浆、不挂糊。

汆法于宋元时期始见于文献，如宋代的汆小鸡、撺香螺、清撺鹌子、清撺鹿肉、蝌蚪撺鱼肉、改汁羊撺粉等；元代的爊肉羹、青虾卷爊等。如《云林堂饮食制度集》所载的“爊肉羹”，其制法是：用猪夹脊肉加工成荔枝花刀块，码味后“用沸汤投下，略拨动，急连汤取肉于器中养浸”，再将汆肉的“原肉汁提清”，放入汆好的肉供食。明清时有生爨牛、爨猪肉、爊蟹等，并有了以肉制成丸子后汆制的记载，如水龙子（即汆丸子）、汆鱼圆等。

现代汆法主要有两种：一种是清汆法，将主料投入沸水中快速汆透，捞入汤碗中，另加新鲜清汤，调味后供食，如河南清汤汆什锦、杭州西湖莼菜汤、四川清汤腰方、陕西墨鱼汆腰片、山东清汆赤鳞鱼等；也有将主料焯水后再放入清汤的，如河南清汤虾仁、陕西清汤里脊、甘肃猴头过江、广东竹笙汆鸡片等。另一种是混汆法，先将清汤烧沸，再把主料投入，汤沸料熟后盛装供食。如四川、山东、河南等地的汆丸子，江苏的莼菜汆塘鳢片，浙江的萝卜丝汆鲫鱼等。（《中国烹饪百科全书》）

汆大甲

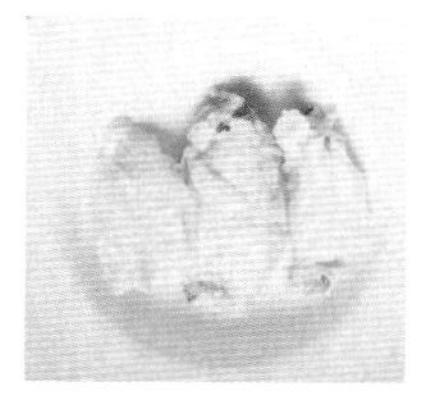

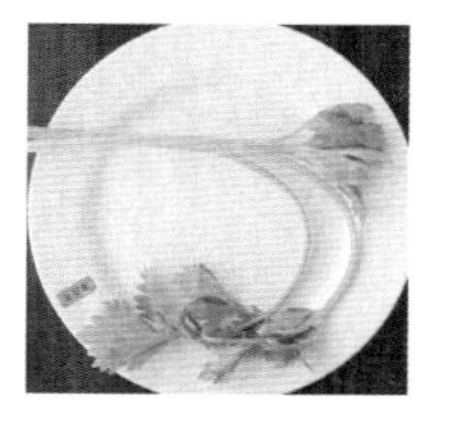

制法

原料：蟹钳肉，排叉

辅料：香菜，鸡汤

调料：盐，胡椒粉，米醋，香油，淀粉

做法

① 锅中倒入鸡清汤烧开，下入熟蟹钳肉，加盐、米醋、胡椒粉调味；

② 加入水淀粉勾芡，淋香油出锅；

③ 装碗后撒上香菜末，带排叉上桌即可。

注 香菜末只取菜梗。

粉青瓷汤碗、青白瓷刻纹小碗

粉青瓷汤碗：粉青瓷，碗腹浅刻云纹。碗口露白，使有青白对比之美。碗深，可盛带汤类食物。

青白瓷刻纹小碗：瓷胎，青白釉。刻云纹，胎薄呈半透明状。可盛装蘸料。

茉莉竹荪汤

宋明轩主持冀察政务委员会时期，日本人虽然时时刻刻找碴儿挑衅，但是饭馆的生意，却颇兴隆。东兴楼含有旭日东升好口彩，所以日本人对于东兴楼颇有好感，请客十之八九是在东兴楼。冀察政委会以及所属各机关，因为泰丰楼有乐陵人的股份，宋明轩为了照顾小同乡，总是光顾泰丰楼。东兴楼有个外号叫二掌座的厨师『刘喜儿』，原本是李莲英家厨房里的小帮手，清廷逊位后，李莲英退休出宫，家里用不了那许多下人，于是把喜儿介绍到东兴楼来了。李莲英是东兴楼的大股东，碍于情面，只好把他安置到灶上去。偏偏这位喜儿又好自吹自擂，好像他是御膳房出身似的，大家看在眼里，谁也不愿意跟他计较，给他起了个外号叫他二掌座的，也不过讽刺他像个二掌柜的而已。有一天日本有一位名人在东兴楼宴客，他做了一道清汤汆竹荪加鲜茉莉花，那位名人品尝之后赞不绝口，并且大事渲染一番，想不到刘喜儿就此变成名厨，大红大紫起来。声望一高，架子也端起来了，天天吵着涨工钱，后来实在不胜其烦把他辞退，于是，他转到泰丰楼来，碰巧宋委员长吃了他的茉莉竹荪汤，也是赞赏有加，变成当时的一道名菜，平津两地的山东馆，酒席上再也少不了这道汤菜。记得政委会的军需处长刘金镛在长椿寺给他去世的老娘做百龄冥寿时，筵开一百多桌，汤菜就用茉莉竹荪，因为桌数太多，出菜快慢不一，茉莉花被热气熏得过火，味道大失，从此席面上也很少见到这一道扬菜啦。

——唐鲁孙《酸甜苦辣咸·飘在餐桌上的花香》

此菜以一个“清”字取胜。

鸡清汤不仅要清澈如水，还要做到清而不淡，鲜而不腻；至少要“扫”两次，特殊情况下“扫”三次也无妨。

茉莉花取其清香，宜选鲜花一盆，从花枝上摘下后迅速去蒂，淡盐水略浸，撒在汤的表面。

竹荪色、味俱淡，于食用菌中亦属清隽之品；时下皆用养殖者充数，我托朋友从云南找来野生者，个体肥硕，干品色黄，发制后且有特殊的清香、清鲜味，口感酥脆爽利。

此菜宜盛夏，宜酒前，宜二三知己小酌，宜素心恬淡之客。倘若高朋满座，觥筹交错，醉饱之余，食之岂止无味，简直是煮鹤焚琴，喝道花间，糟蹋了大好材料——刘处长就犯了这个忌讳，纵使茉莉花不被热气熏熟，也会被“人气”熏得滋味索然。宋明轩懂得欣赏此汤，这倒出我意料，此人虽然出身冯玉祥的西北军，却不是党太尉之流亚。

鲜茉莉花不稀罕，若没有好汤打底，这道菜根本就是空中楼阁。

泰丰楼做的是鲁菜，传统鲁菜绝非如今人们心目中“傻大黑粗”的模样，反而颇有淡雅清新、食不厌精的一面——比如对吊汤的高要求。鲁菜最高级的汤是清汤。《中国鲁菜文化》一书记载制清汤的过程繁复至极，估计除了内行难得有人愿意细看，但这样的清汤正是中餐饮食文化的最高境界，坚持用这样的汤调味提鲜也是中餐区别于其他各国风味的独到之处。有了如此这般吊出的清汤，茉莉花的馨香、竹荪脆脆沙沙滑滑的口感才有了依托，才有了悠远美好的余韵，如画如歌。

中餐以花入馔的菜品不多：屈原“夕餐秋菊之落英”多半是诗人以高洁自诩的夸张，当时的菊花并非如今的模样，应该也不好吃；菊花火锅很多地方都有，其实是生片火锅，菊花不过点缀秋意而已；鲁菜有炸荷花，鲜荷花瓣蘸高丽糊油炸，我没有尝试过；玫瑰饼、藤萝饼严格来说归点心铺经营，不算菜品；有一种花，北方人常吃，而并不以花视之，那就是黄花菜——其实正经是一种萱草花的干制品，鲜品有小毒，不可直接食用。

茉莉花在饮食范围内主要用来窨制花茶，没想到制成汤菜，竟有如此的境界——即使是汤完全冷却之后，就像好茶一样，汤中依然饱含花香，沁人心脾。

注释 ✪

· 吊汤 ·

用具有鲜美滋味的原料提取鲜汤的工艺。又称制汤。通常以富含氨基酸、琥珀酸、核苷酸等鲜味物质的动物性或植物性原料为主料，加入同煮，使其鲜味成分溶于水中，用作菜肴的鲜味调味剂和汤汁，特别对于不具鲜味的原料，如燕窝、鱼翅、熊掌、蹄筋以及一些蔬菜等，尤起增鲜赋味的作用。

制汤工艺由先秦时期煮制“肉羹”的方法演化而来，至迟在南北朝时期提取汤汁的方法已成为一项独立的烹调技术。据《齐民要术》记载，当时已有“雉汁”“鸡汁”“鹅鸭汁”“肉汁”等称谓，同时还出现用木耳或蘑菇煮制的素鲜汤。宋元时期出现高层次的制鲜汤工艺：“捉清汁法”，即将生虾加酱捣成泥，澥在原汁汤中，使汤锅从一面沸起，撇去浮沫与渣滓，如此“捉清”3—4次，待汤清澈即成，也可用碎猪肝加水和开取代。明代出现以浸泡鲜肉溶出的血水提取清汤的方法；也有用竹笋、瓜瓠、鸡、鸭、猪肉等分别煮制，而后合在一起过滤、澄清使用的荤素鲜汤；用甘蔗汁、笋、瓜瓠等一起煮制的素汤。清代制汤所用的原料逐渐趋于规范。荤汤通常以鸡、鸭和猪、羊、牛肉等为原料，素汤则用蚕豆或芽蚕豆、黄豆或黄豆芽、冬笋、菌类等。清代以后出现“坠汤”的方法。

汤因制作原料的不同，分为荤汤和素汤两大类。制法以烧、煮、炖、煨等为主。

荤汤，是用动物性原料的肉、骨等与清水炖或煮制成的汤，可分为“头汤”“清汤”“白汤”和“毛汤”。头汤，又称为原汁汤或原汤。因首次制取而得名，适用于炒、烩或烧等高档菜肴与一般汤菜。制作时原料一般按猪骨头、鸡、鸭、净猪肉、肘子的顺序下入清水锅中，先用旺火烧沸，改用小火烧至原料成熟，取出汤汁即成。清汤，清澈见底而又鲜醇的汤汁。多用于制作高档汤菜，制作方法有提清、滤清等。提清又称扫汤，即先把制汤原料加水炖或煮成头汤，然后将鸡脯肉或瘦猪肉剁成茸泥，用清水澥开（俗称汤扫或扫子），倒入烧至5—6成热的头汤中搅匀，待汤微沸，汤扫与汤内的杂质凝结在一起并浮起，随即捞净，使汤汁清澈即成。北京、河南、山东、辽宁、江苏、上海等地多用此法。也有用浸泡鸡、鸭或猪肉的血水提清的。如进入2—3次提清，称套汤，其汤称高级清汤。滤清即把炖或煮制的头汤用洁净白布或汤筛过滤至清，广东一带多用此法。此外，为提高汤汁的质量，在清汤内放入鸡、鸭、净猪肉、猪肘子等（也有的加干贝等海鲜料），用小火使其微沸，既增汤的鲜度又保持汤汁的清澈度，四川、河南、江苏、北京等地称此法为坠汤。白汤，又称奶汤，即将制汤原料加清水以旺火煨、煮而成的汤汁，其色泽乳白、鲜浓味厚，多用于烧、扒、炖等高档菜肴。制汤原料多数地区以骨头、鸡、猪肘子为主。毛汤，又称二汤，以制作头汤后的原料继续炖、煮而成的汤，其色清而味淡，质量较次，多用于制作一般菜肴。

此外还有用鲜鱼等煨煮而成的鱼汤。制法一般为：先将葱、姜煸出香味，再放入原料（鲜鱼肉、骨等）煸透，加水等以旺火烧沸，撇沫后煨煮至汤色浓白时即成。此汤多用于鱼羹类的菜肴和带汤汁的面点。

素汤，是用植物性原料加清水制作的鲜汤。其清鲜不腻，多用于制作素菜。一般又可分为：素清汤，即以鲜笋根部、香菇蒂、黄豆芽为主料，加清水先用旺火烧沸，改用小火烧煮而成的汤汁，澄清后使用；黄豆芽汤，即以择洗干净的黄豆芽加水用旺火烧煮而成的浓白汤；也有将黄豆浸泡，使其充分膨胀，再加清水熬制而成的；口蘑汤，将口蘑洗净后用沸水焖泡至透，择去杂质，加清水及澄清的泡口蘑原汁，先用旺火烧沸，改用微火烧煮而成的汤汁；也有与黄豆芽等原料同煮而成的淡口蘑汤。（《中国烹饪百科全书》）

泰丰楼旧影

· 泰丰楼 ·

泰丰楼开业于清朝光绪（1875—1908）初年，原是旧北京著名的“八大楼”之一。清人崇彝在其笔记《道咸以来朝野杂记》一书中关于泰丰楼有一段这样的记载：“京师南城饭馆……至最久而不衰者，惟泰丰楼（开于光绪初年，所谓新饭馆）、致美斋（在咸、同间）二处。”由此可知，泰丰楼自开业至今，至少也有110年以上的历史了。

泰丰楼饭庄的肴馔属真正的山东风味，民国初年，其声誉在京中仅次于“东兴楼”“新丰楼”等“八大楼”中名列前茅者，与当时的“致美楼”“福兴居”等齐名。《都门饮食琐记》（民国十五年[1926]）中介绍：“（山东风味餐馆中）专供饮宴者，则有‘致美楼’‘福兴居’‘泰丰楼’等。泰丰楼本为老山东馆，而生意极佳，梨园行宴客多在彼。而擅长之菜，除普通之鲁菜外，竭力模仿东兴楼与新丰楼，虽不能‘青出于蓝’，但尚可。”

俗话说：“唱戏的腔，厨师的汤。”意喻餐中之汤的重要作用，泰丰楼对此特别重视，每天要用活鸡、肘子吊汤，保证每个火眼都有汤锅，这比起只靠味精来调味做汤的餐馆，其味道自然不可同日而语。该店供应的汤菜，有山东“名汤”——“烩乌鱼蛋汤”,以及“芙蓉银耳汤”“酸辣鸡丝汤”等。不过，最受欢迎的是“酸辣鸡丝汤”，很多来泰丰楼用餐的顾客，都喜欢要上一碗这里的酸辣鸡丝汤，因为它十分“利口”，在酒足饭饱之后，喝上几口这种酸辣汤，还兼有解腻醒酒之功效。

泰丰楼原址在前门外繁华的煤市街，1952 年歇业。1984 年，原宣武区饮食公司（现北京翔达饮食公司）组织恢复了这家老字号。恢复营业的新址是在前门西大街路南。（《北京老字号》）

· 宋明轩（1885—1940）·

名哲元。山东乐陵人。早年入陆建章左路备补军随营学校学军。后入冯玉祥部，转战陕、川、湘、鄂等省，历任连长、营长、团长。（《中国国民党史大辞典》）

· 党太尉（927—978）·

即党进，又名晖，朔州马邑（今山西朔县）人，北宋初将领。曾任镇安军节度、忠武军节度等职，开宝二年（969）、九年（976），先后两次参与征太原之役。不识字，却因其质朴颇受太祖厚待。《宋史》有传。（《二十五史人名大辞典》）

茉莉竹荪汤

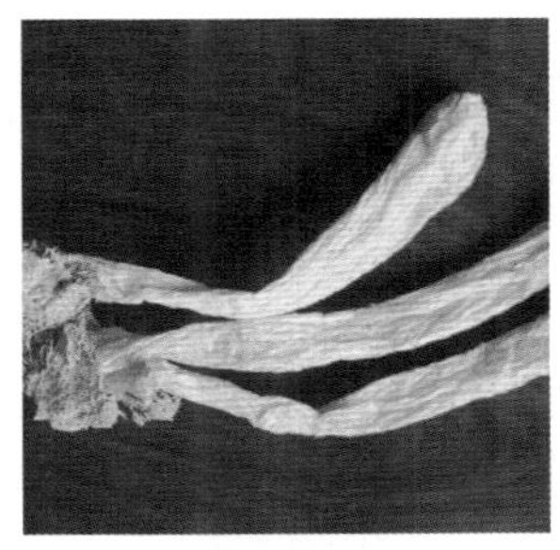

制法

原料：竹荪，鲜茉莉花

辅料：鸡清汤

调料：盐

做法

① 发好的竹荪放入鸡清汤中，加盐，上蒸箱蒸20分钟；

② 鲜茉莉花用5%的淡盐水浸泡5分钟；

③ 蒸好的竹荪汤取出，将茉莉花撒入碗中，即可上桌。

注

1 吊汤的方法是以鲜老母鸡、麻鸭、肘子、精排骨、干贝、火腿等为吊汤原料，用大火煮6个小时成奶汤，原料捞出，鸡胸肉、鸡腿肉制成茸，用凉鸡清汤澥开，放入奶汤中分多次扫清，色如淡茶。

2 发制竹荪的方法是用温水泡开后，洗净去沙，去伞盖，取伞柄，放入鸡清汤中蒸20分钟，去其土腥味，捞出沥干。

3 此汤极清鲜，无须加入过多调料，只用盐调味即可。

白瓷红彩钵

瓷胎，氧化烧，呈牙黄色，釉上红彩束腰，器底绘红绿彩及『福』字，寓意吉祥。可用于汤羹类。

24

黄鱼面

另外有一种吃法是黄鱼红烧之后，除骨剔刺用鱼肉来拌面，虽然不是炸酱面，可是鲜腴适口，比一般炸酱尤有过之。平津一带在端午前后，黄鱼就大量上市了，天津平素就讲究吃熬鱼贴锅子，到了黄鱼季，少不得要大吃几顿来解馋。北平到了黄鱼季，一定要接姑奶奶回娘家，好好吃顿红烧黄鱼。因为到别人家做儿媳妇，每逢有好吃的，必定是先敬老，后让小，什么吃食都不能痛痛快快大吃一顿，所以自己的父母就以吃黄鱼为借口，把女儿接回娘家，大快朵颐一番。这种大锅大量的红烧黄鱼，汁稠味厚，去骨择刺，把剔出来的黄鱼的蒜瓣肉，掺入少许猪油渣，加少许虾子油回锅再烧，拿来拌面，鲜美湿醇，清腴而爽，比起炸酱又别是一番滋味。台湾近海，金门黄鱼尤以鲜美驰名遐迩，价钱又非常廉宜，凡我同好不妨换换口味，做顿黄鱼面吃，必定觉得不错呢！

——唐鲁孙《酸甜苦辣咸·请您试一试新法炸酱面》

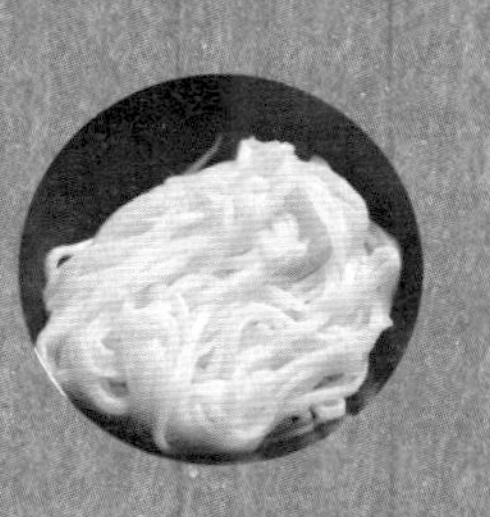

20 世纪 70 年代，住在京郊良乡，“享受”计划经济，仅就饮食而言，糖、油、米、面、肉、蛋都在计划之内，总是不够吃；似乎鱼也是有“计划”的，但与肉、蛋不同，商店里不能充分供应，偶有货到，大家排队，卖完为止。当时活的淡水鱼少见，每年倒是都能吃上几回冰冻的海捕黄鱼、带鱼、鲳鱼之类。

现在想起来最奢侈的行为，是每次吃黄鱼，父亲总将鱼鳔洗净，贴在一块破案板上，置于阴凉通风处吹干。到腊月底，以温油涨发，或红烧，或烩蹄筋，或炒入全家福，吃起来酥糯滑润，沙沙软软，确是一款口感特别的美味。当时大黄鱼不过五角五分一斤，我家不过是吃得仔细而已。我甲午冬至去舟山，带鱼每斤价格上百元，野生大黄鱼，一条动辄几千元——再想吃一大碗黄鱼肚，简直是痴人说梦了。

石首鱼科，品类百种以上，我们常吃的不过大黄鱼、小黄鱼，却是两种——小黄鱼是长不成大黄鱼的。黄鱼之妙，一是只有中间脊骨一条，别无细刺，小儿亦可以纵情大嚼；二是鱼肉含水量适中，蒸、煮、烧、炸、煎、烩皆宜，烧熟之后，用筷子可以轻轻划开，既不僵硬，也不会糟烂如泥，是北方所谓“蒜瓣儿肉”，最受大众欢迎；三是黄鱼肉有种特殊的鲜香之味，鲥鱼、刀鱼、河豚、龙脷、石斑皆属美味，而黄鱼之美却无可替代。

早年间，黄鱼曾是平民食材——梁实秋先生记载，当年北平走街串巷卖猪头肉的小贩春夏之交兼卖熏制的小黄鱼，所以被称为“卖熏鱼儿的”——经过我们多年“辛勤”滥捕，终于一鱼难寻。利之所在，遂有人工养殖的货色应市，可惜鱼肉既不鲜，又不香，也不是“蒜瓣儿”，软塌塌，肥嘟嘟，鱼腹部位还有一层厚厚的脂肪，入口令人作呕。

幸亏小黄鱼还能找到野生的，用雪菜或烧或蒸，鲜美依然——黄鱼似乎与腌雪里蕻是绝配，宁波的大汤黄鱼离开雪菜也做不成功。

上海曾有“阿娘面”，以黄鱼面作招牌，我试过，滋味平平；但将小黄鱼整条去骨，只取净肉，烧熟之做面的浇头，每条长约两寸，犹能保持条条完整，手工之细，足够北方朋友叹为观止了。

吾友张少刚发明用北方的香糟酒和南方的醪糟一起蒸舟山小黄鱼，咸中带甜，糟香扑鼻，隽永不可方物。

注释 ✪

· 石首鱼 ·

道光十九年（1839）《文登县志》载：“石首鱼，脑中有石子两枚，晶莹如玉……大者二尺许，小者尺许。京师人名大者曰同罗鱼，小者曰黄花鱼。”历城举人王诵芬之《潍县志稿》亦载：“石首鱼，喉鳔目。卵生，食品。俗名黄花鱼，因腹下之鳞多呈黄色故名。其头中有二骨子如骰子大，因名石首，为馔中之美品。产渤海中。”

大黄鱼和小黄鱼是石首鱼的代表，在鲁菜烹调中应用较广泛。其他石首鱼还有黄姑鱼、白姑鱼、鮸鱼等。（《中国鲁菜文化》）

· 大黄鱼 ·

又称大黄花、大鲜。硬骨鱼纲，鲈形目，石首鱼科。长约40—50厘米。体延长，侧扁。尾柄细长，尾柄长为尾柄高的3.4—3.7倍。臀鳍第二鳍棘等于或稍大于眼径。背鳍起点至侧线具8—9行鳞。椎骨25—27枚。体黄褐色，腹面金黄色，鳍灰黄色，唇橘红色。冬季栖息较深海区，4—6月向近海洄游产卵，产卵后分散在沿岸索饵，以鱼、虾等为食。秋冬季又向深海区迁移。鳔能发声，渔民常借此以测鱼群的大小。分布于南海、东海和黄海南部。为暖温性浅海近底层鱼类，具较大经济价值，是中国四大海产（小黄鱼、大黄鱼、带鱼、乌贼）之一。供鲜食或制黄鱼鲞，鳞可制鱼鳞胶、咖啡碱，鳔可制名贵食品“鱼肚”。（《农业大词典》）

· 小黄鱼 ·

又称黄花鱼、小鲜。硬骨鱼纲，鲈形目，石首鱼科。长约20厘米。外形

● 大汤黄鱼

酷似大黄鱼，但尾柄短，长为其高的2.5–3.0倍。臀鳍第二鳍棘小于眼径。背鳍起点至侧线具5–6行鳞。椎骨28–30枚。体黄褐色，腹面金黄色，鳍灰黄色，唇橘红色。冬季在较深海区越冬，春季向沿岸洄游产卵，产卵后分散在近海索饵，以糠虾、毛虾及小鱼为食，鳔能发声，秋末返回深海。分布于东海南部、黄海、渤海，朝鲜半岛西海岸也有产。为近海温水性底层鱼类，中国经济鱼类之一。年产量居中国四大海产之首。供鲜食和制成咸干品，鳞可制鱼鳞胶、珍珠素，鳔可制鱼鳔胶，精巢制鱼精蛋白。（《农业大词典》）

· 大汤黄鱼 ·

大汤黄鱼为浙江宁波传统名菜。其历史悠久，据清《十洲春语》记载，当时仅“冰鲜羹”（即黄鱼羹）类菜肴就有上百个品种，而咸菜大汤黄鱼即其中之一。当地烹制此菜十分讲究，在用料上要选用鳞色金黄、鱼鳃鲜红的新鲜大黄鱼，咸菜为腌雪里蕻。这种咸菜味道鲜美，特别是当地鄞县章村在贝母地里套种的“贝母地菜”，味道更加鲜美，闻名远近。这两种主要原料均以鲜见长，加之烹调得法，使成菜两鲜合一，鱼味菜汁交融，鱼含菜鲜，菜有鱼香，汤汁稠浓，味道十分鲜美。做法是：选用新鲜大黄鱼一尾，洗涤、去内脏，斩去胸、背鳍，正反面剞柳叶花刀；将雪菜梗切成细粒；炒锅用油滑锅后，放熟猪油烧至六成热，投入姜片略爆，下黄鱼两面煎至略黄，烹入料酒，加盖稍焖，立即倒入清水，放上葱结再加盖用中火焖烧 7—8 分钟；待鱼眼珠呈白色，汤呈乳白色，改旺火，拣去葱结，放入笋片、雪菜梗，烧至鱼熟时，加盐调味，起锅撒上葱段即成。（《中国名食百科》《中国烹饪百科全书》）

黄鱼面

制法

原料：黄鱼，面条

调料：葱，姜，蒜，盐，酱油，料酒，醋，白糖，淀粉

做法

① 黄鱼剞花刀，下油锅炸至两面金黄，捞出；

② 炒锅放底油，下大料，炸透后，下葱、姜、蒜爆香，烹入酱油、料酒、鸡汤；

③ 下入黄鱼，加盐、米醋、白糖，开锅后小火炖15分钟；

④ 将鱼捞出，拣去葱、姜、蒜、大料，出骨；

⑤ 炖鱼的酱汁倒回锅中，加入鱼肉碎、猪油渣、虾子酱油，加少许水淀粉勾芡，打明油；

⑥ 手擀面煮熟，以上述卤汁拌食。

注 爆香大料、葱、姜、蒜时，最好用猪油。

铁绣大鱼纹盘、天目釉小碗

铁绘大鱼纹盘：粗瓷胎，铁绘大鱼，豪放有力。器底平广，适合盛装炖煮鱼类。

天目釉小碗：瓷胎，黑釉，可衬食材之色。

25 藤萝饼

夏天时的丁香藤萝，引得狂蜂醉蝶回舞，饽饽铺门口贴起『新添鲜藤萝饼上市』的红纸条。饽饽铺藤萝饼的做法跟翻毛月饼差不多，不过是把枣泥豆沙换成藤萝花，吃的时候带点淡淡的花香。因为藤萝花在北平不是普通的花卉，得来不易，所以特别珍惜，不肯大量使用。

我住在北平粉子胡同东跨院，小屋三楹，东西各有一株寿逾百龄的老藤，虬蟠纠错，在巨型的竖架支撑之下，藤各依附刻峭崔嵬的太湖石上，灵秀会结。据说丁香紫藤，树龄愈老的愈早开花，所以别的地方花未含苞，而这两株老藤，早已花开满枝了。藤萝架下设有石桌石凳，据说当年盛伯希祭酒最喜欢于花开时节在花下跟人斗棋赌酒，更给这小屋取名『双藤老屋』。而舍下所做藤萝饼，经过名家品尝，一致赞好，也就成了一时名点。

藤萝花要在似开未开时，摘去蕊络，仅留花瓣，用水洗净，中筋面粉发好擀成圆形薄片，抹一层花生油，把小脂油丁、白糖、松子、花瓣拌匀，铺一层藤萝花馅儿，加一层面皮叠起来蒸。蒸熟切块来吃，花有柔香，袭人欲醉。可惜来台湾二三十年，始终没有看过紫玉垂垂整串的藤萝花。

——唐鲁孙《酸甜苦辣咸·飘在餐桌上的花香》

此处云“夏天”，有误，还是以鲁孙先生在另一篇《北平的甜食》中写作“春尾夏初”为是——这才是北京赏藤萝花的季节。

藤萝，学名紫藤，原产我国，属豆科紫藤属，是一种落叶攀缘缠绕性大藤本植物。北京地区从中山公园、太庙、北海、颐和园到一些私家园林都喜欢搭上架子，栽一架藤萝；像唐先生，自家院中有两株百年老藤，是颇值得自豪的——世事沧桑，今日京华，这样的老屋和老藤，都已踪迹难觅了。

吾友王小明，亦鲁菜厨师出身，供职于昌平某高尔夫俱乐部。球场特地移栽了两株老藤萝，有三层楼高，春夏之交，繁花皑皑，如堆紫雪，馨香焕发，中人欲醉。年年赠我一大包鲜花，供制饼之用，盛情极为可感。

藤萝饼有两种，一烤一蒸，市售只有烤的，蒸的似是先生自家家常吃法，未见他人记载。

原料中除了藤萝花，脂油丁甚为重要——鲜花固然馨香可喜，但没有荤油衬托，香气发不出来，吃口也嫌轻薄枯涩。而且脂油丁必须事先用糖腌过，这样吃起来略带嚼头，晶莹剔透，并不觉得油腻。

如今很多人不知道什么叫“翻毛”了，其实是老北京形容以水面、油面混合制皮，烘烤而成的点心外皮酥润绵软，不干不油，分层多而薄，薄到吹一口气就能飘起一层皮的地步，故曰“翻毛”——这是要考校面案师傅功底的。

京西门头沟妙峰山一带盛产玫瑰，以朵大、色艳、瓣厚、味浓著称，每年六到十月盛开；日出之前带露采下，糖腌作馅，配上猪油、果仁，按藤萝饼的做法制成玫瑰饼，亦是京华名点。

盛伯希名盛昱，《清史稿》有传，字伯熙，亦作伯羲、伯兮、伯熙——“希”字当为笔误——号韵莳、意园。满族，镶白旗，肃武亲王豪格七世孙。进士出身，光绪年间官至国子监祭酒，立朝有声，是宗室中少有的响当当的清流——中法战争时曾弹劾全班军机大臣，致使执政二十余年的恭亲王奕䜣及其班底退出政治舞台。性耽典籍，意园藏书，颇多宋元精椠，为时人所艳称。

注释 ✪

· 藤萝 ·

即紫藤，亦称“朱藤”。豆科，大型木质藤本。奇数羽状复叶，小叶9—13枚，卵状椭圆形或卵状披针形。春季先叶开花，花冠蝶形，青紫色（变种花白色），总状花序下垂。荚果长10—20厘米，密生茸毛。产于中国中部，久经栽培，供观赏；花含芳香油；茎皮纤维可织物；果实入药，治食物中毒，驱除蛲虫，根治风湿痹痛。（《辞海》）

· 翻毛月饼 ·

京式糕点。用富强粉、猪油、白糖粉制皮，以面粉和熟猪油制酥，以熟面粉、白糖、猪油、桃仁、花生仁、芝麻仁、杏仁、瓜仁为馅料，经过制酥皮、制馅心、包馅、成型、烘烤等工序制成。成品呈扁鼓形，饼面金黄，红印清晰，腰部乳白，底部中黄，酥皮层次分明，皮馅均匀，口感酥甜绵软，有果仁香味。（《中国饮食大辞典》）

京式月饼最佳者，应属东四八条西口瑞芳斋的翻毛月饼。

近人崇彝《道咸以来朝野杂记》载：“内外城糕点铺……当年以东四南大街合芳楼为最佳。此店始于道光中，至光绪庚子后歇业。全部工人及货色，皆移于东四北瑞芳斋，东城惟此独胜。”瑞芳斋创建于同光时期，后得并入合芳楼的人员和技艺，克臻其盛，是北京最传统的糕点铺。这家店经营到50年代末。我印象最深的是其卷酥、重阳花糕和翻毛月饼。……翻毛月饼是瑞芳斋最有代表性的糕点，不只卖中秋一季。其大小如现在的玫瑰饼，周身通白，层层起酥，薄如粉笺，细如绵纸，从外到内可以完全剥离开来，松软无比，绝无起酥不透的硬结。馅子是枣泥的，炒得丝毫没有煳味儿，且甜淡相宜。翻毛月饼的皮子

● 藤萝花

是淡而无味的，但与枣泥馅子同嚼，枣香与面香混为一体，糯软香甜至极。它虽属酥皮点心一类，但上下皆无烘烤过的痕迹，其工艺的讲究是值得发掘和研究的。（《老饕漫笔·中秋话月饼》）

· 中筋面粉 ·

介于高筋面粉和低筋面粉之间的一种具有中等筋力的面粉，湿面筋质含量为 24%—26%，水分为 13.5% 左右，适宜制作点心和面包。

面粉主要由蛋白质、碳水化合物、脂肪、矿物质、维生素和水分等成分组成。由于小麦品种及制粉工艺的不同，面粉中各成分的比例均不同。反映面粉品质的基本理化指标有湿面筋、粗蛋白、灰分、水分。粗蛋白是指面粉中的蛋白质及其相关有机物，约为 7.0%—13%。面粉根据蛋白质含量不同，可分为低筋面粉、中筋面粉、高筋面粉和一些特殊面粉，如全麦面粉、蛋糕面粉等。（《食品工程全书·第二卷》）

· 饽饽铺 ·

民俗专家金受申常说：“北平最老的店铺，可能要算饽饽铺啦。元朝入主中原，在燕蓟一带建立大都，依照蒙古习俗，郊天、祭神、岁时礿禘（引者注：音 yue di，《礼记 · 王制》：“天子诸侯宗庙之祭，春曰礿，夏曰禘，秋曰尝，冬曰烝。”）都得用牛油做的饽饽祗奉明祀。建都伊始，一切草创难周，宫廷尚未设置御膳房，于是这种祭祀的饽饽，一律交由点心铺承制。后来内外蒙古人民大量南移，食之者众，饽饽铺乃变成最赚钱的生意啦。”

本来最早饽饽铺只做牛油咸饽饽，专供皇家民间祭祖之用，所用桌子跟大八仙一般大小，可是腿短而粗，质料厚重。丧礼用的则剔金涂银，色尚玄黑，祭祖用的则丹漆藻丽，宝相花纹，盛饽饽的高脚铜盘镂空雕错，文彩端庄。饽饽桌子分三、五、七、九四种，每层又分二百块、三百五十块两类。这种饽饽用纯牛油烙制，放在供桌上五六十天绝不起霉皱裂（当年尚未发明防腐剂，何以放在明处两月之久能不霉变，令人不解）。

到了清朝定鼎中原，北平的饽饽用作敬神祭祖，除了把元朝的饽饽用于桌子加以改良，改称点子外，又添上满洲点心萨其玛、小炸食、勒特条、枣泥瓤、中果条、带冰糖渣儿的脆麻花、毛边和不毛边的缸烙、甜咸排叉、光头饽饽等。应时当令的有各式元宵、中秋月饼、重阳花糕，过年敬神祭灶论堂的蜜供。尽管饽饽铺有一百多种点心，可是他们仍保有古朴作风，只在门口挂上几串木质拴小铃铛的幌子。您进到店堂，什么点心也不陈列出来，全都分门别类放在柜台里面红漆大躺箱里。顾客到饽饽铺指名要什么点心，他给你拿什么点心，柜台内外绝对没有陈列点心样品的橱柜，传说是塞外遗风。漠北风沙大，如果放在外面沾上沙土，就没法吃了。

● 饽饽铺

饽饽铺里有三种比较特别的地方。第一是柜台外面的左右墙壁，画的都是骑骆驼行围射猎，或是在蒙古包里吃烤肉喝奶茶的塞上风光。第二是放点心的大躺箱，据说最初饽饽铺用的箱子，外头都包着一层带毛的牦牛皮，点心放在箱里可以防潮经久，不过到了清朝中叶，满汉点心增多，大躺箱也不罩牛皮了。第三是做点心用的烤炉，用铁链子吊在旁梁上垂下来，虽然用的也是木材炭火，可是架构另有技巧，升温散热都快。微火闷炉烤出来的糕饼特别酥松适口。他们利用炉火余烬，做出一种闷炉火烧，就着大腌萝卜吃，别有一种风味。这是他们自己的吃食，向不外卖，除非跟柜上有交情，否则这种美味，是不易吃到的。

元朝的饽饽以牛油为主。到了明朝，点心式样增多，因为猪油容易起酥，大部分改用猪油。到了清朝，除了满洲点心仍用奶油制作外，一般点心也全改用猪油了。

北京的饽饽铺是卖猪油的大主顾，饽饽铺做点心必定要用陈年猪油，除了现做现卖的小点心铺使用当年猪油外，一般饽饽铺都是用五年以上的。陈油有二三十年的，陈油烘烙的点心，有香味而无腥气，用有光纸包起来，三五个月纸上不显油迹。据本行人说：“五年以上陈油做的点心，冬天能放半年，夏天也能搁上两个月不坏。饽饽铺的月饼，价码要比一般点心加一成，就是因为无论自来红、自来白、提浆、酥皮、到口酥、蛋黄酥月饼，都得用猪油做，除非指明要素月饼，那才是小磨香油做的呢。照北方习俗，中秋节又叫团圆节，供月的月饼必须全家人都要吃到，如果有出外经商求学的人，要用瓷罐子藏起来一些，留到他回家再吃。有些人过旧历年才回家，那就要留上四个多月了，所以非用陈油不可。”

饽饽铺的点心分手工货、模子货两种，像各式月饼，各种酥饼都属于模子货。例如萨其玛、勒特条以及正月应时的元宵，都是手工货。（唐鲁孙《大杂烩·北平的饽饽铺》）

· 祭酒 ·

学官名。原意是指祭祀或宴会时，由年高望重者一人举酒祭神，为一种荣誉，如荀子在齐国稷下学宫，“三为祭酒”。汉武帝设五经博士，首长称博士仆射，东汉改为博士祭酒，祭酒遂成为学官名。西晋改为国子祭酒，主管国子学或太学。隋以后称国子监祭酒，为国子监的主管者。清光绪三十一年（1905）废国子监，设学部，改国子监祭酒为学部尚书。（《辞海》）

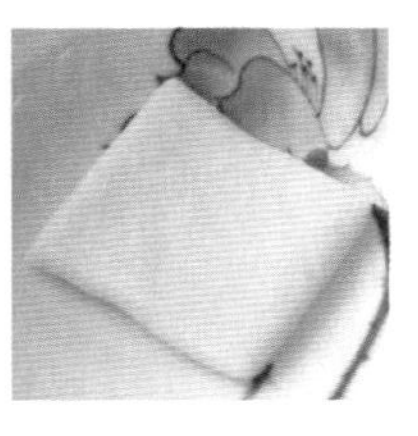

藤萝饼

制法

原料：藤萝花瓣，面粉

辅料：脂油丁

调料：白砂糖，盐

做法

① 新鲜藤萝花瓣洗净，用盐水浸泡10分钟；

② 盐水沥干，用白砂糖腌制12小时，同时用糖腌制脂油丁12小时；

③ 腌好的花瓣与脂油丁混合拌匀成馅；

④ 半斤面粉加二两猪油，和清水，制成面皮；

⑤ 另取半斤面粉加六两猪油，和清水，制成面芯；

⑥ 用面皮包住面芯，对折三次，切成方块，擀成薄皮；

⑦ 用薄皮包住花瓣馅，以包包子的方法，包好后去掉多余的面，按扁成饼；

⑧ 入烤箱，上火200℃、下火180℃，烤制10分钟即可。

梅子青花型碟

瓷胎，覆梅子青釉，五轮花瓣口沿，器底圆线与口沿处露白隐现，色泽含蓄稳重。

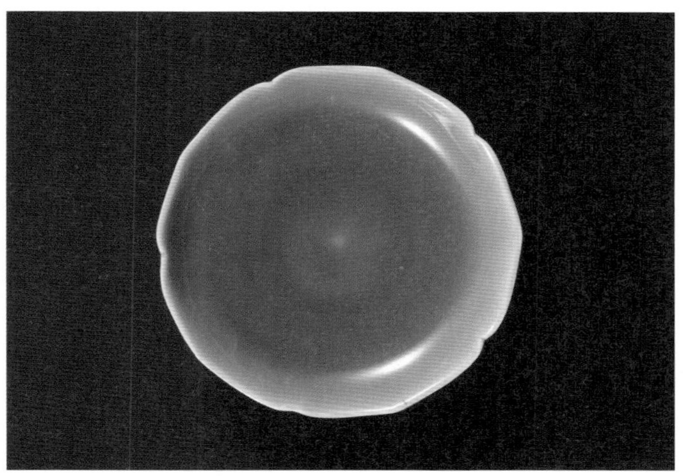

26

奶油栗子面儿

北平的西餐厅，一份全餐最后的一道甜点，以廊房头条的『撷英』最为考究，最早以车厘冻、杨桃冻驰名，车厘就是罐头樱桃，不算稀奇，可是杨桃，在台湾吃不算一回事，而当年在北平能吃到鲜杨桃榨汁做杨桃冻，那就太不简单了。后来厨房里不知哪一位西点师傅发明了奶油栗子面儿，把炒熟的糖炒栗子研成细面，加上新鲜奶油，奶油上面嵌上一颗罐头鲜樱桃，吃到嘴里甜沁柔香，毫不腻人。做法看起来十分简单，可是别家做的就是没有撷英的滑润适口。后来这位厨师转到东安市场的小食堂工作，喜欢吃奶油栗子面儿的顾客，也随着不吃撷英而奔向小食堂啦。

——唐鲁孙《酸甜苦辣咸·桂子飘香·栗子甜》

北平西车站食堂是有名的西餐馆。所制『奶油栗子面儿』或称『奶油栗子粉』实在是一绝。栗子磨成粉，就好像花生粉一样，干松松的，上面浇大量奶油。所谓奶油就是打搅过的奶油(whipped cream)。用小勺取食，味妙无穷。奶油要新鲜，打搅要适度，打得不够稠自然不好吃；打过了头却又稀释了。东安市场的中兴茶楼和国强西点铺后来也仿制，工料不够水准，稍形逊色。

——梁实秋《雅舍谈吃·栗子》

京郊山区盛产栗子，吃法不少，以糖炒为大宗。

秋天栗子一下来，炒栗子的大锅就支向街头，掺上沙子，泼上糖水，过去是手挥铁铲，现在有了电动，直炒得沙子乌黑，栗壳油亮，焦香乱飘，不用吆喝，就能把我这样的馋人引来。

陆游的《老学庵笔记》讲过一个关于炒栗的掌故：北宋汴京的炒栗以李和所制最为有名、畅销，别家都想尽办法仿效，终不可及。南宋绍兴年间，宋使使金，到达现在北京的时候，忽然有两个人送来炒栗二十包，自称是“李和儿”，然后“挥涕而去”——北京的糖炒栗子或许就是自此流传下来的罢。

标准的糖炒栗子要求壳柔脆，外壳、内膜、栗肉三者分离，一剥即开——如果费力剥去外壳之后再费更大的力去揭内膜，则吃炒栗的兴味全消矣；栗肉不能脆，不能软，更不能“艮”，应该干中带润，粉，沙，栗香浓而甜。

其实，糖炒栗子的魅力大半在于萧瑟秋风里街头那一点温热而略带甜味的焦香，吃倒是余事。将其制成“栗子面儿”，固然精致许多，吃起来也方便，可惜损失了那么一丝暖意，意境上便落了下乘。

据宣统的“御弟”溥杰回忆，这道点心出自豫王府的茶房：

茶房的任务是来客时给客人斟茶，给府里的病人煎药和做一些有滋补性的食品，如杏仁茶、莲子汤、百合汤和甜煮白扁豆之类。在醇王府中，茶房的任务仅仅如此。但在其他王府如豫亲王府的茶房，在清末就以点心做得好出名。……据说过去北京撷英西餐馆的奶油栗子面和东安市场的糖葫芦（用一根短竹签串两个大果实的小型糖葫芦）就是从豫王府“偷艺”而来。（《晚清宫廷生活见闻·回忆醇王府的生活》）

北方有两款小食皆以栗为名，却不含栗肉的：

一是大名鼎鼎的栗羊羹，以天津所产最为出名，由于家母是天津土著，所以我从小就吃过不少。奇怪的是，此物固然美味而且甚甜，其中只有红小豆与糖、琼脂，从来不曾从中吃出过栗子，更没有羊肉，为何以“栗羊”命名呢？周作人先生是这样解释的：

> “羊羹”这名称不见经传，一直到近时北京仿制，才出现在市面上。这并不是羊肉什么做的羹，乃是一种净素的食品，系用小豆做成细馅，加糖精制而成，凝结成块，切作长物，所以实事求是，理应叫作“豆沙糖”才是正办。但是这在日本（因为这原是日本仿制的食品）一直是这样写，他们也觉得费解，加以说明，还有一种说法是，这种豆沙糖在中国本来叫作羊肝饼，因为饼的颜色相像，传到日本，不知因何传讹，称为羊羹了。……
>
> 传授中国学问技术去日本的人，是日本的留学僧人，他们于学术之外，还把些吃食东西传过去。羊肝饼便是这些和尚带回去的食品，在公历十五六世纪“茶道”发达时代，便开始作为茶点而流行起来。在日本文化上有一种特色，便是“简单”，在一样东西上精益求精的干下来，在吃食上也有此风，于是便有一家专做羊肝饼（羊羹）的店，正如做昆布（海带）的也有专门店一样。结果是“羊羹”大大的有名，有纯粹豆沙的，这是正宗，也有加栗子的，或用柿子做的，那是旁门，不足重了。说起日本茶食，总第一要提出“羊羹”，不知它的祖宗是在中国，不过一时无可查考罢了。（《知堂谈吃·羊肝饼》）

二是所谓“栗子面儿小窝头”，设在北海公园北岸漪澜堂的仿膳饭庄的出品为人艳称，其实主料依然是玉米面，不过磨得比常见的要细，又掺入适量黄豆面、白糖、糖桂花，吃起来仿佛有一点栗子的口感和香味——北京商家推广食品好以贵喻贱，如“老倭瓜，栗子味的”“萝卜赛梨”——故称“栗子味儿小窝头”。“味”“面”在这里北京人都发儿化音，极易产生一字之讹；有人不懂清宫膳食制度，添枝加叶，附会在慈禧身上，形成所谓“珍珠翡翠白玉汤”式的“传说”。

最近，在杂志上看到乾隆四十四年（1779）乾隆帝在避暑山庄的晚膳膳单中有“纯克里额森一品”。编者注为：“纯克里额森，又作纯克里额芬，满语音译，即玉米面饽饽。”（《清代御膳的养生之道》）——此“玉米面饽饽”应该就是窝窝头吧？其乾隆年间已经入宫，何必等到慈禧西行？

奶油栗子面儿的加工并无了不起的技术含量，只是精工细作而已，不知为何，如今已经没人这样做了，撷英番菜馆、西车站食堂也早成明日黄花——老北京人会去火车站吃西餐，现在的人无论如何也是想象不出的吧？

注释 ✪

· 撷英食堂 ·

撷英食堂开设在前门外廊房头条，它在北平西餐地界的分量，有同上海西藏路老晋隆一样，堂奥雍容，古典秀雅，雅座餐叙，直如置身西式宫廷官家小宴。这家菜以精细见称，后来为了适应一般顾客的口味，把纯粹的英法大菜渐渐中国化了。

铁扒比目鱼是招牌菜，老主顾没有不点这个菜的，外路客人到那儿进餐，侍者也会特别介绍一番。撷英的派头一落大方，您就是三两人小酌，他也是大瓷盘托着上，一律由贵客自取。比目鱼上菜的时候，是把鱼架在吱吱响的热铁架上，用长型大瓷盘托到客人前取用，比现在吃牛扒的方式气派多了。

甜点花样，也属撷英最多，最早以车厘冻出名，所谓车厘其实就是外国樱桃。后来又出了杨桃冻,杨桃在台湾不稀奇,可是当年在北平真是稀罕物儿。冷玉凝脂，奇香绕舌，好多大宅门的闺秀真有特地为吃杨桃冻而去的。

撷英有一最大缺点就是廊房头条街道狭仄，交通管制严格，只能短暂停车，所有车辆都得在口外停放，等撷英看门小孩前往招呼，才能鱼贯进入停车接客，非常不便，这跟现在台北成都路一带无处停车，同样让人困扰。（唐鲁孙《天下味·北平的西餐馆》）

· 西车站食堂 ·

西车站食堂即平汉食堂。

平汉食堂设在平汉铁路车站月台旁边，一座大沙龙里，既无雅座，又无隔间，仅仅是一所大的敞厅。当年在北平想吃真正俄国菜，只有到平汉食堂。

俄式大菜小吃花样繁多，也最拿手。如果您吃一块四毛五一客的西菜，

前门西车站旧影

也就是现在台湾所谓特级西餐，小吃能排满一大桌，少则二十多碟，有时多到有四十来样，碰巧还有俄国三色酱呢！俄国人爱吃的牛尾汤，讲究越浓越香。主厨是位白俄，另外一位副手是哈尔滨的大师傅。

有一年林长民在平汉食堂请客，客人有李石曾、李芋龛。二李都是茹素不动荤腥的，一道黄豆绒汤，一道素炸板鱼（洋芋做的），吃得李芋龛赞不绝口，把大师傅叫出来，赏了十块大洋。后来李芋龛三天两头到平汉食堂吃素西餐，厨房知道李四爷是国务总理李仲轩的文孙，菜色方面倍加巴结。李四爷吃饭除小费外，另外还有小费赏给厨房，陈慎言曾经把这段事编到他在《小宾报》登的连载的言情小说里，一时传为美谈。（唐鲁孙《天下味・北平的西餐馆》）

・中兴茶楼・

东安市场在北平来说，可以算是最具规模、最有名的市场，其他如西单商场、劝业场、第一楼、宾宴华楼、中原公司等，都没法子跟它比拟的。

东安市场设在北平东城王府井大街，这块地方原是清朝一处练兵场。民国前十一年辛丑年间，政府为了整顿市容，奉慈禧皇太后懿旨，把东安门大街一带的摊商，都聚集在这个练兵场来，集中营业，这才有个最初的东安市场。

…… ……

一进金鱼胡同，后门右首有一家中兴绒线店，除了卖绒线外，其他一切日用杂货美容用品也无不备，市场别家商号说，中兴再卖绸缎呢绒，可以改名绸缎庄了。说实在的，中兴的东家傅新斋确实明敏干练，所以他能服众。

东安市场有“四大贤”，是明明照相馆的张之达、森隆老板辛桂春、庆林春店东林筱泉和前面提到的傅新斋。他们四位经市场内商贩推举为市场公益组合会理事，凡是场内有关公益，或是有吵闹争论的事，只要他们四位一出面，多麻烦的事，没有摆不平的，所以背后又有人称之为“四大金刚”。

傅新斋除了原有绒线店外，又把楼上辟建了一家中兴茶楼，有些老先生市场逛累了，到中兴茶楼泡一壶好茶，找朋友杀盘棋，倒也深得闲中之趣。后来有一些大宅门的太太小姐们，在市场买了若干零碎东西，自己不好拿，就先存在柜上了，只要跟柜上交买卖，大包袱小笼还管您送到家。傅掌柜的有一位把兄弟，原本是哈尔滨中东铁路局西餐部大师傅，钱赚得够份儿了，想起了落叶归根，所以回到北平来养老。闲来没事，就到中兴茶楼坐坐。傅老板认为老把兄闲着也是闲着，何不找一点营生干干，于是中兴添上了卖咖喱鸡饭，鸡嫩汁浓，随之又添上了炸鳜鱼、煎牛扒、罗宋汤，简直成了罗宋大菜了。（唐鲁孙《老乡亲·令人怀念的北平东安市场》）

· 仿膳饭庄 ·

1925 年，北海对外开放为公园。同年，由原在清宫内当差的赵润斋在北

● 民国时期的仿膳饭庄

海公园北岸找了五间房子，办起了一个茶庄，邀请原在清宫御茶膳房当差的孙绍然等几名厨师，仿照清宫御茶膳房的做法，烹制各种茶点售卖，取名“仿膳”。当时，仿膳茶庄除卖茶水之外，主要经营清宫的传统糕点、小吃，如豌豆黄、芸豆卷、小窝头、肉末烧饼等。当年12月18日《晶报》曾专门对它做了详细的介绍：“北海公园松坡图书馆旁有茶点处，其商标曰‘仿膳’，盖取仿御膳制法之意。所用庖丁，闻即清御膳房之旧人，所制小吃，如豌豆糕、芸豆卷、栗子糕、豌豆黄，各种糖粘、各种蜜饯以及包子、饺子、千层糕、蝴蝶卷、一品烧饼、小窝头之类，精美洁净，非比寻常，不愧为天厨制品。尤以小窝窝头为最精致，形如小酒杯，面质甚薄，不但式样与穷人所吃者不同，即面粉亦较寻常细多矣。”仿膳茶庄制作的小吃用料考究、做工精细。近人夏仁虎在其《旧京秋词》中对此也留有赞美之辞：“菱糕切玉秫黄窝，午膳居然玉食罗。饭饱湖滨同啜茗，夕阳明处见残荷。”诗后还注道：“北海有肆曰仿膳。昔为御厨，制点甚精。蒸菱粉作花式曰‘菱角糕’,以新磨蜀黍粉仿贫民所食曰‘窝窝头’,但小才如指耳……”

1955 年，仿膳改为国营；1956 年更名为“仿膳饭庄”；1959 年，仿膳饭庄从北海北岸迁到南岸现址——琼华岛上的漪澜堂、道宁斋、戏台三个古老幽静的院落，经营条件有了很大的改善。这期间，仿膳又想方设法请回了曾在清宫御茶膳房掌灶的老厨师，请他们带徒弟、传授烹调技术。在请回的老厨师中，有的身怀绝技，如传说曾被慈禧封为“抓炒王”的王玉山，他的“四大抓”（抓炒鱼片、抓炒里脊、抓炒腰花、抓炒大虾）很有名气。1966—1977 年，北海公园停止开放，仿膳也即停止对外营业。1978 年重新开张。2007 年，划归全聚德（集团）股份有限公司。（《北京老字号》《北京传统文化便览》）

· 豫亲王 ·

清代亲王，世袭罔替。始王多铎（1614—1649），清太祖第十五子，阿济格、多尔衮之同母弟。骁勇善战，初封贝勒，崇德元年（1636）封豫亲王。四年（1639），因作战失利降为贝勒。松山之战俘获洪承畴，叙功晋豫郡王。顺治元年（1644）从多尔衮入关，击破李自成军，晋为豫亲王。不久授定国大将军统兵南下，平定江浙。不久晋为德豫亲王，又以扬武大将军北上平定苏尼特部。四年（1647），晋辅政叔德豫亲王。六年（1649），死于天花，康熙间追谥通。顺治九年（1652），其第二子多尼初袭亲王，赐号信，因其父获罪降为信郡王。后由多尼第二子鄂扎继袭信郡王。康熙四十五年（1706），鄂扎第五子德昭袭信郡王，历事三朝，于乾隆二十七年（1762）卒。至乾隆四十三年（1778），追叙多铎开国功，复豫亲王爵，袭信郡王的德昭第十五子修龄亦改号豫亲王。自多铎始，历十三王，称豫亲王者七，称信郡王者四，先号信郡王后晋豫亲王者一，先号豫亲王继降信郡王者一。此十三王一直居于豫亲王府，又称信郡王府，始建于清初，位于东单三条。1916年，王府被售予美国石油大王洛克菲勒，在其地改建协和医学院及其附属医院，王府建筑全被拆除，东单三条也于此时打通。今协和医学院改为中国协和医科大学，附属医院也改名协和医院。大学门前一对石狮是王府遗留物，狮抬首匍匐而不坐，在北京诸府石狮中属于特例。（《北京传统文化便览》）

·《老学庵笔记》·

宋陆游著，共十卷。作者退居山阴（今浙江绍兴），在镜湖边筑茅屋两间以为读书室，名曰老学庵，取师旷“老而学如秉烛夜行”之意（《剑南诗稿》卷三三《老学庵》自注）。书中所记多为作者耳闻目睹之事，内容丰富。凡名物典章、朝野逸事、山川地理、怪异传闻、诗词创作、民情风俗，无所不记，其中颇有重要史实。于抗金活动颇有所述，所记秦桧杀岳飞等条，表现了主张抗金、反对投降的政治倾向。《四库全书总目》称此书“轶闻旧典，往往足备考证”。作者为文学大家，故书中记文坛逸事、文学风气及诗词创作者尤多，诗论数十条，见解精辟，可资征引。（《中国文学大辞典》《文学百科大辞典》）

奶油栗子面儿

制法

原料：糖炒栗子

辅料：淡奶油，樱桃

调料：白糖

做法

① 糖炒栗子去皮，碾碎成蓉；

② 淡奶油加糖，抽打成泡沫状；

③ 栗子蓉装碗，奶油挤在上面，点缀樱桃即可。

天目釉银彩小碗

碗底绘一圈釉下银彩，瓷胎，黑釉，可衬食材之色。

跋

得识汪朗先生似乎是二十年前的事了，当时我还混迹于媒体，先生尚未从《经济日报》社退休。先生素性澹泊，风度宛如汪老先生曾祺的作品——说句晚辈不应该说的话，其实他也是汪老最成功的作品之一，知青这一代人里如此雍容宽厚、雅量高致、聪明绝顶而毫无乖戾之气的人委实稀如星凤。

十余年来，我和先生来往不断，关系却是不即不离，直到 2009 年以后，才越走越近。主要原因我揣测大约就像先生序文中含蓄地表达出来的那样，小子原来不过是“著书都为稻粱谋”而已，近年有些想法已经渐入先生法眼，变得“可与之言”了。其实我与先生还是颇有“和而不同”之处，但先生一来不跟我一般见识，二来在饮食之道层面还有共识，况且我常常美食美酒地奉上，也只好容忍我的胡言乱道了。

谈到饮食之道，汪老先生就不用说了，“小汪”先生也是真正的大家，但从不以此或别的什么“身份”营求世俗名利，其中固然有清高的成分，我看主要是确实从来没往那边想过——考虑到当代与美食有关的名人做派皆与此相左，所以我每次灾梨祸枣，序文都烦劳先生动笔，先生也费心经营，点拨拂拭，使后学受益匪浅。

先生风度，望之也温，即之也温，却是外圆内方，触及底线，绝不妥协的，能得先生青眼，知我、教我、讽我、誉我，实在是三生有幸。

高振宇先生，我一直是兄事之的。我们相识在2003年，正赶上“非典”，他全家闭门创作；我正好赋闲，读书之余，时常乘地铁去他在通州的工作室请益关于紫砂陶艺的种种知识，老师的阵容不是一般的奢华——除了振宇兄，还有高太夫人周桂珍大师和高夫人徐徐女士（三位皆为顾景舟先生的入室弟子），赶上饭点儿，还可以品尝两位女士的厨艺——那可是顾老生前品鉴过的。

十余年来，我从高家受益良多：收藏了不少三位老师的作品甚至是精品尚在其次，更重要的是我的艺术鉴赏水平就这样在张家湾的幽静小院中提升并得到印可，增加了这方面的素养和自信，对我后来的工作、生活意义极为重大。就在最近，我请振宇兄审看这本小书的图片，他还怕我过度强调厨艺而忽视食材的品质，对我当头棒喝了一番——这番苦心的直接后果就是今年初秋我和少刚一起去武夷山用当地的食材制作传统鲁菜，效果大佳，由是证明无论怎样强调食材品质在烹饪艺术中的重要性都不过分。

为了增加本书的分量，也为了对中餐餐具品质的堕落“示威”，特地请求振宇兄允许我借用他的部分作品，有些盘碗甚至是“闯入”高宅厨房搜罗来的，徐徐师姐看在多年交情的分上，只好容忍我的放肆。振宇兄多年前发表过一篇大作——《器皿之美》，其中的观点不仅对陶艺有重要的指导意义，同样适用于饮食艺术，也被我强行索来作为“代序”。

由振宇兄介绍，我去宜兴拜访了他的老泰山——徐秀棠大师，孰料“倾盖如故”，蒙他老人家不弃，收入门下。幸亏我手拙，于师父拿手的紫砂雕塑和刻陶、造壶、书画、篆刻诸多绝艺一点都没学习，倒是没什么机会给师父丢脸。

我孝敬师父，无非他老人家北上，我能得到消息，就略备薄酌，做个小东；师父于我则是但有所求，无不俯允，比如几本拙作的题笺，就都是他老人家的墨宝，有一次还特地画了幅蔬果图用作封面。

张少刚师傅常说跟我是“亦师亦友”，其实这句话我也可以送给他。少刚出身北京著名老字号泰丰楼，烹制鲁菜、京菜皆有独到之处，在我认识的四十多岁的厨师中堪称翘楚，为人朴实、低调；难得的是热爱生活中一切美好的事物（比如喜爱潮州名茶凤凰单枞到了痴迷的程度，和我一起去乌岽山问茶，跟茶农合伙包下两棵茶树），对传统烹饪文化、经典菜品有敬畏之心，真诚投入，苦心钻研，能够根据我从书本上得来的零星线索反复试验——时至今日，我们都非常享受这种在饮食文化上交流、争论、复古、创新的过程。古人云：“人生得一知己足矣，斯世当以同怀视之。”——我们的合作确实当得起这两句话，这本书就是成果之一。

没有上述先生的教诲和帮助，就不会有这本小册子，也不会有今天的我。一介书生，无以为报，力所能及的，不过是“秀才人情纸半张”——写这样轻飘飘的几句闲话，并在这里鞠躬致谢了。

乙未霜降于燕山蒲庵　戴爱群

《齐民要术》，贾思勰著，中国商业出版社，1984年

《老学庵笔记》，陆游撰，中华书局，1979年

《随园食单》，袁枚著，中国商业出版社，1990年

《调鼎集》，佚名编，中国商业出版社，1986年

《水浒传》，施耐庵著，人民文学出版社，1975年

《红楼梦》，曹雪芹著，人民文学出版社，1973年

《红楼梦》，曹雪芹著，人民文学出版社，1982年

《清史稿·职官志》，赵尔巽等撰，中华书局，1991年

《中国烹饪百科全书》，《中国烹饪百科全书》编委会、中国大百科全书出版社编辑部编，中国大百科全书出版社，1992年

《中国烹调技法集成》，中国烹饪协会、日本中国料理协会编著，上海辞书出版社，2004年

《简明中国烹饪辞典》，《简明中国烹饪辞典》编写组编，山西人民出版社，1987年

《中国名食百科》，杜福祥、谢帼明编，山西教育出版社，1988年

《中国饮食大辞典》，林正秋、徐海荣编著，浙江大学出版社，1991年

《中华膳海》，华英杰、吴英敏、余和祥主编，哈尔滨出版社，1998年

《中国美食大典》，徐海荣、刘培华、王文光、徐金廷主编，华夏出版社，2000年

《中国古代生活辞典》，何本方、李树权、胡晓昆主编，沈阳出版社，2003年

《食品工程全书》，中国食品发酵工业研究院主编，中国轻工业出版社，2004年

《川菜烹饪事典》，李新主编，重庆出版社，2008年

《中国鲁菜文化》，孙嘉祥、赵建民主编，山东科学技术出版社，2009年

《中国江苏名菜大典》，陆军主编，江苏科学技术出版社，2010年

《香港海味事典》，邝裕棠著，橘子文化事业有限公司，2011年
《食物与厨艺：奶·蛋·肉·鱼》，[美]哈罗德·马基著，邱文宝、林慧珍译，大家出版社，2009年
《民以食为天Ⅱ》，王仁湘著，中华书局，1989年
《中国食料史》，俞为洁著，上海古籍出版社，2011年
《清代北京旗人社会》，刘晓萌著，中国社会科学出版社，2008年
《中国菜谱·北京》，《中国菜谱》编写组编，中国财政经济出版社，1975年
《中国菜谱·江苏》，《中国菜谱》编写组编，中国财政经济出版社，1979年
《中国小吃·北京风味》，北京市第二服务局编，中国财政经济出版社，1981年
《中国小吃·上海风味》，上海市饮食服务公司编，中国财政经济出版社，1983年
《福建菜谱·福州)，福州市饮食公司，福建科学技术出版社，1985年
《正宗川菜160例》，陈松如编著，金盾出版社，1991年
《上海老城隍庙小吃》，周金华编著，上海科学技术出版社，1996年
《中国豫菜》，河南省贸易行业管理办公室河南省烹饪协会编著，河南科学技术出版社，2003年
《大师级牛肉料理大全》，北冈尚信监修，瑞昇文化事业股份有限公司，2012年
《北京通》，金受申著，李宏主编，大众文艺出版社，1999年
《驰名京华的老字号》，中国人民政治协商会议北京市委员会文史资料研究会编，文史资料出版社，1986年
《北京老字号》，侯式亨编著，中国环境科学出版社，1991年
《回忆旧北京》，刘叶秋、金云臻著，北京燕山出版社，1992年
《宣南饮食文化》，朱锡彭、陈连生著，华龄出版社，2006年
《古法粤菜新谱》，陈梦因、江献珠著，万里机构饮食天地出版社，2001年
《钟鸣鼎食之家》，江献珠著，广东教育出版社，2010年
《姑苏食话》，王稼句著，苏州大学出版社，2004年
《辞海》，夏征农、陈至立主编，上海辞书出版社，2009年版

《湖湘文化大辞典》，万里主编，湖南人民出版社，2006 年

《台湾新文学辞典》，徐迺翔主编，四川人民出版社，1989 年

《文学百科大辞典》，胡敬署、陈有进、王富仁等主编，华龄出版社，1991 年

《中外誉称大辞典》，袁世全主编，北京燕山出版社，1991 年

《北京传统文化便览》，陈文良主编，北京燕山出版社，1992 年

《中国官制大辞典》，俞鹿年编著，黑龙江人民出版社，1998 年

《中国历代小说辞典》，苗壮主编，云南人民出版社，1993 年

《中国国民党史大辞典》，李松林主编，安徽人民出版社，1993 年

《中国当代文化艺术名人大辞典》，刘波主编，国际文化出版公司，1993 年

《二十六史精要辞典》，门岿主编，人民日报出版社，1993 年

《中国当代艺术界名人录》，异天、戈德主编，中国国际广播出版社，1997 年

《世界现代美术家辞典》，韩舒柳编著，陕西人民出版社，1995 年

《中国少数民族文化大辞典》，钱木尔·达瓦买提主编，民族出版社，1999 年

《二十五史人名大辞典》，黄惠贤主编，中州古籍出版社，1997 年

《农业大词典》，农业大词典编辑委员会编，中国农业出版社，1998 年

《中华文化大辞海》，史仲文、胡晓林主编，中国国际广播出版社，1998 年

《汉语方言大词典》，许宝华、宫田一郎著，中华书局，1999 年

《中国文学大辞典》，钱仲联等主编，上海辞书出版社，2000 年

《中国国民党全书》，余克礼、朱显龙主编，陕西人民出版社，2001 年

《中外影视大辞典》，汪流主编，中国广播电视出版社，2001 年

《全元曲典故辞典》，吕薇芬主编，湖北辞书出版社，2001 年

《中华文明实录》，刘乾先、董莲池、张玉春主编，黑龙江人民出版社，2002 年

《佛教大辞典》，任继愈主编，江苏古籍出版社，2002 年

《中华神秘文化辞典》，吴康主编，海南出版社，2002 年

《表演辞典》，彭万荣主编，大学出版社，2005 年

《中国地名辞源》，贾文毓、李引编著，华夏出版社，2005 年
《中国历史地名大辞典》，史为乐主编，中国社会科学出版社，2005 年
《宋代文化史大辞典》，虞云国、陈江、王松龄主编，汉语大辞典出版社，2006 年
《现代汉语分类大词典》，董大年主编，上海辞书出版社，2008 年
《中国俗语大辞典》，温端政主编，上海辞书出版社，2011 年
《辛亥革命辞典》，章开沅主编，武汉出版社，2011 年
《中国京剧艺术百科全书》，王文章、吴江主编，中央编译出版社，2011 年
《北平风俗类征》，李家瑞编，北京出版社，2010 年
《北京土话》，齐如山著，辽宁教育出版社，2008 年
《旧京大观》，傅公钺、张洪杰、袁天才编著，人民中国杂志出版社，1992 年
《增补燕京乡土记》，邓云乡著，中华书局，1998 年
《晚清宫廷生活见闻》，全国政协文史资料研究会编，文史资料出版社，1982 年
《繁华散尽：四大家族的后人们》，李军编著，东方出版社，2010 年
《知堂谈吃》，周作人著，钟叔河编，中国商业出版社，1990 年
《雅舍谈吃：梁实秋散文 86 篇》，梁实秋著，中国商业出版社，1993 年
《唐鲁孙作品集》，唐鲁孙著，大地出版社，2012 年
《立春前后》，董桥著，香港牛津大学出版社，2012 年
《克雷莫纳的月光》，董桥著，牛津大学出版社，2013 年
《老饕漫笔》，赵珩著，生活·读书·新知三联书店，2001 年
《周大文：从北平市长到京华名厨》，何宏，刊于《扬州大学烹饪学报》，2008 年
《“名厨市长”周大文》，马金鹏，刊于《今晚报》，2011 年
《老北京的年节食品》，罗澍伟，刊于《食品与健康》杂志，2014 年第 2 期
《清代御膳的养生之道》，苑洪琪，刊于《紫禁城》杂志，2015 年 2 月号

器皿索引

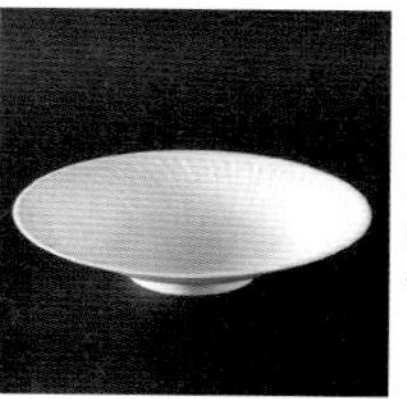
P018 影青水理纹钵

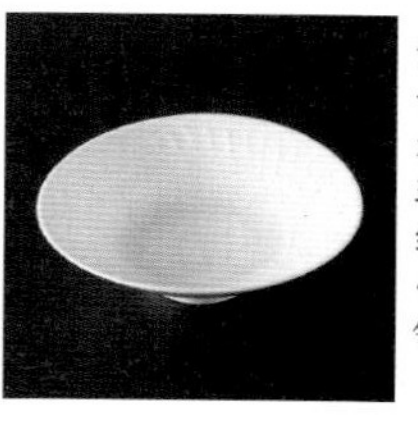
P008 影青水理纹小钵

P008 青白瓷刻云纹小碗

P008 青白瓷菱花小钵

P054 梅子青大盘

P044 青瓷绘兰草青花盘

P036 粉青瓷刻牡丹纹盘

P028 青瓷铁绘椭圆盘

P090 梅子青葵口大盘

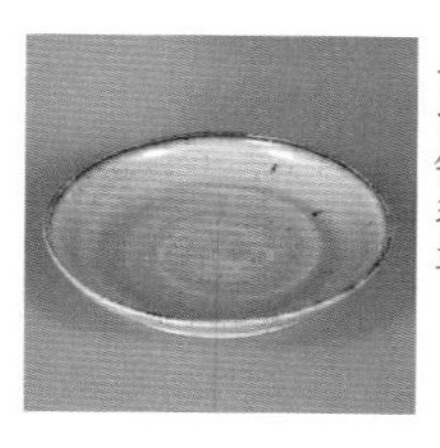
P082 青瓷铁斑盘

P072 青瓷绘青花釉里红盘

P062 粉青瓷碗

P116 白瓷铁绘盘

P106 白瓷菱花钵

P106 梅子青葵口盘

P098 青白瓷铁绘盘

P140
灰釉铁绘小碟

P140
青白瓷刻云纹铁斑盘

P132
天目釉钵

P124
柴烧陶平盘

P172
白瓷葵口小钵

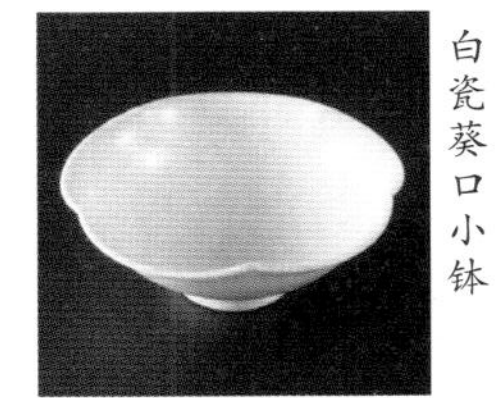

P156
天目釉钵

P148
青瓷铁绘椭圆盘

P140
灰釉绘青花小碟

P198
白瓷红彩钵

P188
青白瓷刻纹小碗

P188
粉青瓷汤碗

P180
青白瓷铁绘敞口钵

P228
天目釉银彩小碗

P216
梅子青花型碟

P206
天目釉小碗

P206
铁绣大鱼纹盘

Copyright©2016 by SDX Joint Publishing Company.
All Rights Reserved.
本作品版权由生活·读书·新知三联书店所有。
未经许可，不得翻印。

图书在版编目（CIP）数据

先生馔：梁实秋唐鲁孙的民国食单 / 戴爱群编著. — 北京：生活·读书·新知三联书店，2016.10
（蒲庵丛书）
ISBN 978-7-108-05612-2

Ⅰ.①先… Ⅱ.①戴… Ⅲ.①饮食－文化－北京市
Ⅳ.①TS971

中国版本图书馆 CIP 数据核字 (2015) 第 310986 号

责任编辑　黄新萍
装帧设计　朱丽娜　张　红
责任印制　崔华君
出版发行　生活·讀書·新知三联书店
　　　　　北京市东城区美术馆东街22号
邮　　编　100010
网　　址　www.sdxjpc.com
经　　销　新华书店
排版制作　北京红方众文科技咨询有限责任公司
印　　刷　北京隆昌伟业印刷有限公司
版　　次　2016年10月北京第1版
　　　　　2016年10月北京第1次印刷
开　　本　720毫米×889毫米　1/16　印张 16.5
字　　数　211千字
印　　数　0,001—8,000册
定　　价　68.00 元

（印装查询：010-64002715；邮购查询：010-84010542）